PRIMERA GUÍA COMPLETA DE PSEUDOCIENCIA, MITOS Y OTRAS CARRETAS

(primera parte)

José David Ruiz Álvarez

Mario Víctor Vázquez

A las esposas de los autores,
por aguantar tanta bobada.

Contenido

PRÓLOGO

¿Es posible reunir monstruos, terapias alternativas, técnicas de adivinación, la influencia de los astros y la pandemia de COVID-19 en un solo texto? A primera vista parece un objetivo inalcanzable, incluso para el más avezado autor de ciencia ficción. Sin embargo, los autores de la "Primera guía completa de pseudociencia, mitos y otras carretas" fueron capaces de superar tamaño desafío, probablemente impulsados por la ola de pseudociencia que parece no detenerse en plena era de grandes descubrimientos científicos, como la exploración de otros planetas y la creación de vacunas en tiempo récord.

Durante la pandemia de COVID-19 mucha gente comenzó a darse cuenta cómo funciona la ciencia en la vida real. Aquellos científicos de guardapolvo blanco de las películas que descubren la cura de alguna enfermedad en muy poco tiempo y luego de unas pocas pruebas fallidas (si es que no lo hacen de casualidad), tienen poco que ver con lo que pasa en la realidad. Los grandes descubrimientos llevan por lo general muchísimo tiempo, involucran a un gran número de profesionales (incluso de diferentes laboratorios y países), atraviesan cientos de fracasos, y cuando se obtiene el producto deseado, siempre puede ser mejorado por otro grupo de científicos.

Lo que generalmente recibe la sociedad de la ciencia es un producto final, pero poco se sabe del proceso por el que se tuvo que pasar para llegar a él. Miles de horas de trabajo, cientos de personas involucradas, decenas de productos intermedios que no funcionaron y tuvieron que ser descartados. Y aun así lo que se obtiene es factible de ser mejorado.

Esos largos e "indecisos" tiempos de la ciencia, que necesita pasar por docenas de filtros para asegurarse que su conclusión sea lo que más se acerque a la verdad, han sido por lo general la leña que ha alimentado el fuego de su contraparte, las pseudociencias, quienes tratan de cubrir los espacios que deja la ciencia mientras está investigando, ya que ellas no necesitan de esos filtros para corroborar lo que dicen. Y de paso calman la ansiedad que la incertidumbre le causa a las personas, sobre todo cuando necesitan explicaciones o soluciones rápidas a sus problemas, ya sean de salud, de dinero o de amor.

Es muy probable que mucha gente pueda sentirse ofendida al leer este libro, porque seguramente más de uno incurrió (o sigue incurriendo) en alguna de las prácticas que se citan en el texto. ¿Quién no leyó, aunque sea por curiosidad, su horóscopo? ¿Hay alguien que no sepa su signo del zodíaco? ¿Qué padre/madre no llevó a su hijo/a "empachado/a" a que le "tiren el cuerito"? ¿Alguien sucumbió alguna vez a la consulta de las variadas técnicas

 Primera guía completa de pseudociencia, mitos y otras carretas
(Primera parte)

adivinatorias para saber si iba a tener suerte para conquistar a otra persona, o si iba a conseguir el dinero que necesitaba? ¿Nunca vieron un documental sobre el avistamiento de alguna criatura misteriosa y pensaron que quizás no era tan falso? Si respondieron negativamente a todas estas preguntas, se van a divertir mucho con este libro. Si tuvieron alguna respuesta positiva, van a empezar a cuestionarse algunas de sus creencias. Y si respondieron positivamente a todas las preguntas, vayan pensando en leer una novela (si es de ciencia ficción, mejor).

La pandemia ha demostrado que la ciencia, en su afán de corregirse constantemente, puede ponerle los pelos de punta a más de uno que observa cómo trata de solucionar los problemas del día a día. Que si el barbijo hoy no sirve y mañana sí (¡y lo dijo la OMS!), que hoy tengo que tirarle alcohol a todo lo que me rodea (y a mí mismo) y mañana tengo que abrir todas las puertas y ventanas, que hoy no hay vacunas y las necesito ya, pero mañana las tengo y desconfío porque las hicieron muy rápido. Esas contradicciones (que no son tales, sino parte del proceso del avance científico) llevaron a muchas personas a buscar soluciones rápidas, muchas veces alentadas por quienes se aprovechan de contextos desesperantes, como los que involucran situaciones de vida o muerte. Y fue así como nacieron los antibarbijo, los antivacunas (que ya estaban de antes), los consumidores de dióxido de cloro y muchos etcéteras. Y por no esperar a la ciencia demostraron que el remedio era peor que la enfermedad.

Pero la pandemia fue solo una muestra de cómo las pseudociencias pueden ser dañinas para las personas, ya que existen desde tiempos inmemoriales. En el pasado intentaron reemplazar a la ciencia, porque esta no tenía respuestas en su momento. Pero a pesar de los avances científicos en el último siglo, muchas pseudociencias siguen vigentes. Muchos descreen de los tratamientos médicos y recurren a terapias alternativas. La batalla entre cientos de publicaciones científicas que avalan un tratamiento versus "a mi vecina le funcionó" todavía sigue siendo despareja, sobre todo en esta era de la "sobreinformación".

SI bien la astronomía ha obtenido logros fantásticos en el siglo XXI, con exploración de otros planetas, asteroides, cometas y satélites, hasta el descubrimiento de planetas fuera de nuestro Sistema Solar, sigue perdiendo la batalla contra la influencia que ejercerían esos mismos astros sobre nuestro comportamiento y nuestro futuro. Y aún continúa combatiendo al pequeño (pero ruidoso) grupo que cree que vivimos sobre un planeta en forma de pizza napolitana.

Y si de futuro hablamos, sin dudas la física es la ciencia que más retraso ha demostrado. Su parsimonioso avance sobre el estudio del tiempo, y el hecho de que todavía no ha podido demostrar si seremos capaces de viajar en el tiempo, ha marcado el amplio avance de las pseudociencias que se encargan de adivinar el futuro y de revelar nuestras vidas pasadas. Esa, por ahora, es una batalla perdida, sobre todo para una especie a la que le cuesta disfrutar el presente, se aferra con uñas y dientes al pasado, y solo está interesada en saber lo que le depara el futuro.

Esta guía (que dice ser la primera, pero las cartas no auguran un buen futuro para una segunda parte), nació con Mercurio retrógrado, lo cual les otorgaría un mayor interés a las pseudociencias que a las ciencias (por lo

 Primera guía completa de pseudociencia, mitos y otras carretas
(Primera parte)

de retrógrado), indicando un éxito asegurado. O que el destino de los libros es que sean públicamente incinerados (por la cercanía al Sol de Mercurio).

Fuera de toda broma, este libro es un estupendo compendio de muchas creencias del pasado que aun siguen vigentes en esta época de grandes avances tecnológicos y científicos, y si alguien se siente ofendido por su contenido le sugerimos que recurra a una sesión de pranoterapia. No le va a quitar el enojo, pero quizás le sirva para plantearse algunas de sus creencias (o no). Y si no sabe qué es la pranoterapia, le sugerimos fuertemente que lea este libro. Sin ofenderse, claro.

Alberto Díaz Añel
Biólogo y comunicador
De Piscis y Caballo de Fuego en el horóscopo chino

INTRODUCCIÓN

En el verano de 1987 se encontraron, por primera vez, bajo la sombra de un poste de luz y a pleno mediodía el doctor Rufus con el doctor Rictus. El escenario estaba compuesto por una calle típica de Medellín, algunas basuras en la entrada de la alcantarilla sobre la que descansaba el pie del doctor Rufus, y un bus que pasaba en ese mismo momento a toda velocidad levantando una nube de polvo y pitando de forma estruendosa, antes de detenerse justo a un par de metros después del doctor Rictus.

Bajo el inclemente sol, y para protegerse del polvo, ambos doctores se llevaron una mano a la cara y agachándose un poco, encogiendo sus ya redondas figuras. Cuando la corriente de polvo pareció disiparse, los dos personajes se fueron incorporando lentamente, sacudiéndose el polvo de sus trajes y pelo. En el proceso se vieron, sin conocerse, Rufus dijo, — uf, parecía una tormenta de arena del Sahara — a lo cual Rictus increpó, — ¿Ya ha estado en el Sahara? ¿En una tormenta de arena? — y Rufus, un poco sorprendido por la pregunta que no esperaba dijo — No, pero así mismito tienen que ser — Rictus soltó una risotada ante tan aventurada afirmación y se presentó como "el doctor Rictus" a lo que su compañero respondió presentándose como "el doctor Rufus".

Estos dos nombres, por cierto, tienen su propia historia. Ninguno de los dos nació siendo Rictus, ni Rufus, ni mucho menos doctores. Todos estos nombres se adquirieron con el tiempo y después de un largo recorrido, algo sospechoso y con muchas dudas que no permiten asegurar el grado de veracidad a partir de la poca información que se dispone hasta el momento.

El doctor Rufus comenzó su vida con un nombre bastante normal, Rodolfo. Los padres del doctor Rufus recordaban con especial cariño la historia del reno Rodolfo de Santa Claus. De hecho, ambos fueron marcados por historias de este reno en su más inocente niñez. La historia los acompañó toda la vida, pensando que estarían destinados a algo especial, y fue el punto en común que los unió. Ambos se enamoraron sin reversa desde que se enteraron de esa historia en común. Todos los diciembres se vestían de renos y compraban luces rojas para ponerse en la nariz. ¿Qué otro nombre podrían ponerle a su hijo? ¿Cómo esperar otro destino más que el de alguien elegido para su hijo?

Rodolfo, nacido bajo tan esperanzadora estrella, aunque nació un común 15 de marzo, decidió desde muy niño estudiar astronomía. El mejor lugar al que podía aspirar era aquel entre las estrellas. Nunca fue alguien que amara la noche y por tanto nunca participó de observaciones astronómicas aficionadas. Sin embargo, siempre estuvo convencido de que su lugar estaba entre las estrellas.

 Primera guía completa de pseudociencia, mitos y otras carretas
(Primera parte)

Rodolfo, ahora Rufus, pronto decidió después de una carrera escolar algo atropellada que su devenir profesional sería la astronomía. Siempre estuvo atraído por la astrología también pero nunca se imaginó haciendo adivinaciones en algún lugar del centro de Medellín y algo de pereza le daba también escribir cartas astrales. Sin embargo, la astronomía era una carrera con buena reputación. Después de muchos años de estudios universitarios, que según Rodolfo *no se acomodaban a su forma de estudio*, logró, aunque no se dispongan de documentos oficiales que lo soporten, obtener el tan ansiado título.

Cartón en la mano derecha, empezó a forjar su camino en el ámbito científico. Logró después de mucho esfuerzo, y conversaciones, sobre todo conversaciones, convertirse en profesor de una universidad naciente, sin carrera de astronomía, donde sería el adalid que siempre había soñado ser.

Su primera clase en la institución estuvo acompañada de una revelación: si quería el renombre que merecía debía tener un nombre con la resonancia que debía ser. Recordó que la lengua propia de las más grandes ceremonias de las culturas occidentales había sido el latín. Y sin pensarlo dos veces, pidió a sus estudiantes que en adelante se dirigieran a él como el doctor Rufus. Así ocurrió el auto bautismo, a la mejor manera de Napoleón, frente a los que a sus ojos eran sus subordinados.

La historia del nombre "doctor Rictus" es algo cercana, pero diverge en algunos aspectos a la historia de Rufus. Ricardo era su nombre de nacimiento, y no tenía ningún significado demasiado especial, era más bien el azar de alguna tradición familiar cuyo origen se había perdido. Todos los hombres de su casa se habían llamado Ricardo y ahora era su turno, no tenía más opción. Nada demasiado elegante pero que hablaba al menos de algún linaje a la vieja usanza de la aristocracia. Hubo un momento de ilusión cuando descubrieron la historia de Ricardo III pero al actualizar el valor que le correspondía en número romanos, toda la familia acordó que sería más práctico omitir ese detalle numérico. Como número fue simplemente el uno: uno más de su colegio, uno más de su familia, sin mucho ton ni son.

Su momento fue cuando tuvo que escoger algo para estudiar a nivel universitario. Recordaba odiar la física, la biología la relacionaba con gusanos, pero la química nunca la entendió muy bien, así que luego de consultar varios textos antiguos y apelar a la rueda de la fortuna en un parque de diversión, decidió apostar por esta última rama del saber. No tenía la más remota idea de qué iba a hacer, pero sabía que nadie que conociera había estudiado o tenía planes de estudiar esta rama de conocimiento. Algo distinguido, pensó.

De ahí en adelante su gran propósito fue distinguirse, separarse del común, y creyó tener todo lo necesario para no ser considerado alguien del montón. Puso tanto esfuerzo en ese propósito que logró destacarse de sus compañeros y pasó en primer lugar cada una de las materias de su carrera. Dice Rictus en una autobiografía que nunca se publicó, que sus buenas notas le dieron acceso a becas en diferentes lugares del mundo con las cuales logró hacerse a un título de maestría y doctorado. Nadie ha visto los tan famosos diplomas pero afirmó, en una entrevista aparecida en una revista del corazón, que nadie entendería la lengua en que están escritos y que prefiere guardarlos de la luz solar para que puedan ser mejor conservados para la posteridad.

 Primera guía completa de pseudociencia, mitos y otras carretas
(Primera parte)

Para completar su objetivo debía culminar en una planta profesoral inaccesible para la gran mayoría, y después de mover muchos contactos y muchos intentos finalmente terminó en el trabajo que lo sacaría del común de las personas. Algunos llamarían a sus artimañas como el uso de la palanca en el ámbito social, pero el doctor Rictus asegura que es una simple aplicación de principios físicos a la dinámica social que hasta el mismo Arquímedes aprobaría.

Con el puesto asegurado solo le faltaba un nombre que nadie más tuviera, en ese punto pensó exactamente lo mismo que nuestro amigo Rufus, qué mejor que un nombre en latín. Sin consultar libro alguno se escogió, o construyó, su propio nombre, "doctor Rictus". Empezaba con la misma letra que su nombre y tenía un aroma a distinción que era innegable. Y así, después de unos años de ejercicio en sus cargos, llegamos a nuestra historia en aquella acera de Medellín, entre polvo y viento.

Nadie habría podido sospechar que este maravilloso tomo enciclopédico de pseudociencias, mitos y otras carretas hubiese nacido en esa nube de polvo a pleno mediodía en una calle de Medellín. Ambos doctores entablaron una conversación sobre lo que hacían en esa calle, lo que hacían en sus vidas y lo que les gustaría hacer. El doctor Rictus decía tener un doctorado en química y el doctor Rufus afirmaba algo similar pero en astronomía, ambos aseguraban haber tenido una carrera cubierta de méritos, premios e ideas deslumbrantes, algo que contrasta con la falta de evidencias de su paso por las universidades que los habría tenido como profesores. Por otra parte un puñado de personas afirma haber conocido a un par de exóticos profesores de los cuales no recordaban su aspecto aunque todos coincidían en recordar una frase que solían repetir a menudo: "yo siempre tengo la razón".

El diálogo continuó hacia un punto de coincidencia, mientras sudaban bajo el sol colgado en el cenit descubrieron que ambos sentían una gran atracción por las pseudociencias. Coincidían en que el hecho de que hubiera tantas pseudociencias debía apuntar a que alguna de ellas tuviera algo de verdad. Consideraban asimismo que el camino para descubrir aquella pseudociencia verdadera requería una investigación minuciosa de todas y cada una de ellas para posteriormente poder elaborar una compilación en forma de libro de sus hallazgos para recién entonces poder abordar un análisis comparativo. La idea les pareció tan buena que ambos se entusiasmaron y coincidieron en que podrían iniciar el trabajo examinando la acupuntura y la hidroterapia de colon, esto sobre todo por necesidades íntimas del doctor Rictus.

Con el fin de dar los primeros pasos en esta prometedora investigación decidieron desplazarse desde la polvorienta calle a un café de tangos que el doctor Rictus conocía en el centro de la ciudad y que sería un lugar más que digno de ser escenario de sus disertaciones. Tomaron el primer taxi que pasó por la calle y en un par de minutos, de silencio contemplativo al interior del vehículo, llegaron al café tanguero.

En el café se acomodaron en una mesa cerca del escenario donde tocaba una orquesta típica y ordenaron bebidas poco acostumbradas por quienes acudían al lugar. Pidieron whisky y vodka, pero también cerveza, algo de café para contrarrestar un poco los ánimos, y continuaron con sus bebidas fuertes y espirituosas. Ambos discutieron todas las ideas que habían tenido sobre

 Primera guía completa de pseudociencia, mitos y otras carretas
(Primera parte)

pseudociencias de forma airada y emocionada. Todo el café, y sobre todo los músicos de la orquesta, pudieron escuchar todos los pormenores de sus aseveraciones.

Pero el licor se solicitó en demasía y empezó a interferir con el comportamiento de los doctores. Pasaron de hablar entre ellos a tratar de hablar con el resto de las personas. A un músico le preguntaron si sabía para qué servía la música, a otro integrante de la orquesta lo increparon por haber escogido una carrera que no era útil a la sociedad como sí lo era una ingeniería o alguna ciencia, al cantante le derramaron encima medio trago de whisky tratando de convencerlo de que estaba desafinado y terminaron por tomar el bandoneón para medir la diferencia entre el estado de reposo y el estirado. Ante el alboroto que se armó cuando el bandoneonista les recordó sus madres a los doctores y aseguró que los iba a mandar al hospital con el bandoneón incrustado en sus cráneos, los doctores se vieron en la penosa necesidad de abandonar el lugar. En realidad fueron expulsados del lugar a la fuerza, pero los doctores tienen una versión más indulgente de todo el asunto.

Nosotros, los autores de esta guía, estábamos tomando una cerveza en una mesa de aquel café al lado de toda la escena que describimos y desde donde pudimos verla apacible y cómodamente. Los doctores R&R nos dejaron una fuerte impresión aquel día. Mientras acabamos de tomarnos las cervezas, nos dimos cuenta de que la idea de los doctores no tenía nada de descabellada. Nos percatamos que un libro que recogiese todas las pseudociencias que conocíamos y pudiéramos encontrar podría ser de mucha utilidad tanto para expertos científicos como para el público en general. ¿Pero cómo escribirlo? ¿Qué decir sobre cada pseudociencia y superchería? Y fue en ese momento que vimos que había un paquete olvidado sobre la mesa que habían ocupado estos pintorescos personajes.

Tomamos el misterioso envoltorio sin mirar muy bien que era y salimos a buscar a los doctores a la calle para devolverlo pero ya no había rastro de ellos. Lo último que un transeúnte nos pudo decir fue que vio pasar un par de señores muy ebrios cantando a todo pulmón una extraña canción que no supo distinguir si se trataba de un antiguo romance en latín o un reggaetón moderno en lengua incomprensible. Decidimos entonces dejar el objeto perdido con el administrador del café con la ilusión de que al recuperar la cordura aquellos personajes volverían a buscarlo.

Pasaron varias semanas y recordamos aquel suceso una tarde cualquiera, justo cuando la orquesta típica ejecutaba "balada para un loco", y grande fue nuestra sorpresa al enterarnos que el paquete seguía en la espera de sus dueños que evidentemente no iban a regresar por él. Fue entonces que decidimos abrirlo y comprobamos sorprendidos que contenía borradores con las ideas que habían discutido aquella memorable tarde.

Comenzaron nuestros cuestionamientos: ¿qué debíamos hacer? ¿olvidar todo y botar a la basura todo aquello? Después de todo nosotros también queríamos hacer "algo" con relación a todo aquello de las pseudociencias, no el gran experimento, no la gran búsqueda que habían prometido aquellos doctores R&R, pero algún aporte nos motivaba.

Quedaba solo resolver el problema ético: no deseábamos aprovecharnos de un conocimiento ajeno, pero fue entonces que recordamos el penoso espectáculo que

    Primera guía completa de pseudociencia, mitos y otras carretas
(Primera parte)

brindaron aquella tarde y decidimos emprender esta aventura literaria.

Una pequeña aventura: hacer humor a partir de pseudo-ciencias, mitos y otras carretas, nada tan glorioso como los planes de los doctores R&R.

No está de más recordar que en estos casos se aplica aquello de que los autores no se hacen responsables por las opiniones vertidas en este documento, en caso de duda por favor consultar directamente con los doctores R&R al correo electrónico rufusrictus@gmail.com

Los "Doctores" Rufus y Rictus.

A

Abominable hombre de las nieves: Se entiende por este término al nombre de un ser que algunos dicen es un mito y otros tantos dicen que existe y que inclusive lo han visto. Aquellos que dicen ser testigos lo describen como un ser peludo, grande y terrorífico. Tiene características semi humanas, se piensa bípedo y dos largos brazos que utilizaría para despedazar a sus presas. Se menciona que prefiere las fresas pero de vez en cuando también come tomates y legumbres. En una entrevista que dió un día a la CMN sostuvo que está muy preocupado por el cambio climático y aseguró que ya no usa desodorantes en aerosol para evitar agentes que puedan ser nocivos a la capa de ozono. A principios del siglo pasado se lo identificó con el buscado eslabón perdido de la evolución humana, sin embargo luego de revisar los hallazgos se comprobó que en realidad había sido confundido con un líder barrabrava de un equipo de fútbol de regular desempeño. Sujeto que al parecer tenía el mismo aspecto abominable y vociferaba gritos incomprensibles dirigidos a la progenitora del árbitro. Si bien se pensó en primera instancia que era un ser descabellado, algo contradictorio considerando la abundante pilosidad, y violento, actualmente se tiene certeza que se trata de un ser pacífico preocupado por la vida de los bosques. Según los reportes en el único momento en que se altera es cuando recuerda el adjetivo de abominable. En estos casos suele huir a toda velocidad vociferando unos sonidos que algunos han interpretado como "no soporto a los humanos que prefieren los mitos a las realidades".

Acaloramiento: Fuente inagotable de torceduras, muecas, desfiguraciones, torceduras, contracturas musculares, caras arrugadas, brazos tendidos y pies apuntando en direcciones anormales. El calor, o "la calor" según otros, producido por el ser humano puede ser contrarrestado, o contrarrestada, fuertemente por una exposición repentina a un aire frío.

Según esta creencia quien realice alguna actividad física donde mínimamente se vea aumentada su sudoración, puede acarrearle consecuencias trágicas si se expone a una fuente de baja temperatura, típicamente estar en contacto con agua o arriesgarse a abrir la nevera. Si bien no se encuentran indicios del origen de esta creencia al parecer sería obra de un anónimo perezoso quien invocó esta terrible consecuencia para no ser obligado a hacer los mínimos oficios en la casa o visitar la ducha del baño regularmente. Todas las madres citan el caso de algún pariente que se torció cuando abrió la nevera o se lavó las manos con agua fría después de planchar, pero nadie recuerda muy bien el nombre de quién fue el que se torció, probablemente porque sufrió dos torceduras consecutivas con lo cual recuperó su aspecto inicial.

Acupuntura: Técnica o terapia que considera clavar agujas en diferentes puntos de la piel para el tratamiento de enfermedades de todo tipo. Esta terapia se basa en la creencia que existe una suerte de energía vital que fluye por conductos en el cuerpo y que son las alteraciones en dicho flujo en la base de todas las afectaciones de la salud humana. Las agujas entrarían a ejercer un papel desbloqueador o redireccionador permitiendo corregir este flujo, o influjo, o reflujo, efluvio vital de humor celestial. Cómo con agujas delgadas se logra tal proeza es un misterio para la ciencia, para la filosofía, para la religión y para la acupuntura misma.

Las agujas son ante todo conductos, conectan la energía interna con el mundo externo. En la eventualidad que alguien con todas las agujas correctamente posicionadas reciba un rayo tiene la posibilidad de convertirse en inmortal, absorbiendo los poderes extrasensoriales del mundo celestial, las nubes y la atmósfera. Si por casualidad recibiera en otro caso rayos cósmicos sobre las agujas entonces se volvería un ser astral de poderes ilimitados y cada una de las agujas se convertiría en un nuevo miembro de este nuevo ser. Nunca ha sucedido, pero el conocimiento ancestral acumulado lleva a creer que este sería el desenlace de tan extraña eventualidad. Esto prueba claramente tal creencia. Creencia asentada en la misma prueba que así será.

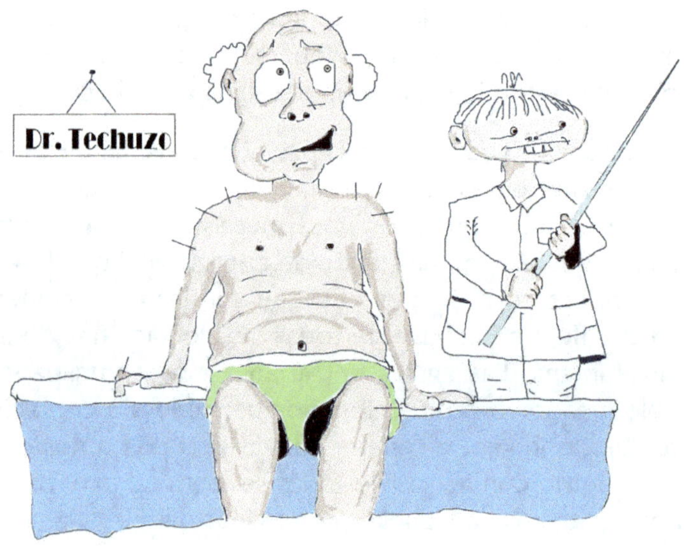

- ¿a qué se refiere doctor cuando dice que en mi caso tendrá que usar un método un poco más enérgico?

Angeología: Rama de algo que estudia los ángeles. No sé sabe muy bien a qué disciplina pertenece pero sí se sabe qué es lo que estudia. El primer estudio sistemático fue llevado a cabo por el gran Pseudo Dionisio Areopagita quien determinó las diferentes clases de ángeles e hizo una descripción de ellos. De ahí en adelante han existido muchos teóricos que, basados en sueños, en sus propias experiencias y en lecturas tanto mitológicas como religiosas han determinado con precisión los ángeles existentes, sus sexos, sus nombres y funciones. Han determinado que existe un ángel barrendero, llamado Jaime Gabriel, encargado de barrer el cielo y el mundo espiritual día y noche. No se entiende cómo llega polvo hasta tan sacros altares pero sí sabemos que existe la necesidad de un ángel con estas funciones. Hay también un ángel mirador, Mirón Gabriel, encargado de mirar a las gentes cuando se desnudan en sus aposentos, con el fin de determinar si están efectivamente desnudos y mirar si se han hecho algún tatuaje hasta en las zonas más íntimas, información de absoluto interés para saber si serán o no condenados en el momento de la muerte. Miles de ángeles hay, con diferentes funciones. Dicen los expertos que en todo caso los ángeles adoptan una forma específica según se les imagine, y toman también aguardiente en sus ratos libres.

Antivacunas: Dícese de aquellas personas que, gracias a haber sido vacunados contra la rubéola, sarampión, tuberculosis, difteria, viruela, poliomielitis, gripe, entre otras enfermedades; consiguen llegar a una edad adulta para poder expresar que no creen en las vacunas. Tal vez si les hubiera tocado las primeras experiencias contra la viruela, donde se inyectaron muestras directamente de pacientes enfermos, y anteriormente de vacas infectadas, estarían más convencidos. Se los reconoce también porque ante la mordedura de un perro malgeniado o cortarse con un trozo de metal corroído, dejan de lado momentáneamente sus férreos principios y acuden velozmente a colocarse las vacunas antirrábica y antitetánica sin hacer mucho alboroto.

Esta comunidad suele estar en sintonía con otras negaciones (ver teoría de la conspiración y terraplanistas)

ARL: Terrible ser mitológico ante el cual Belcebú corre con su largo rabo entre las piernas. Este ser invisible tiene el poder de paralizar cuanta acción humana se intente. Ante la constante amenaza de su injerencia los seres humanos deben analizar cada movimiento que hagan para no molestarlo y provocar su ira. Si bien no hay datos científicos que corroboren su maléfica actividad en antiguos textos pre bíblicos se menciona que el ángel de la guarda al enterarse de su presencia inmediatamente corrió, o voló, a adquirir una póliza de seguro.

Conocido en distintas culturas bajo el nombre de Argos, Cetus, Caribdis, Gerion, Keres o Tifón, en Colombia adopta el nombre de Administradora de Riesgos Laborales.

Astrología: Práctica basada en el estudio del movimiento de los astros y la influencia que estos ejercen en nuestras vidas constituye una práctica antiquísima que se empleaba ya en las primeras grandes civilizaciones humanas. Por tanto, como se ha aclarado reiteradamente, no es algo inventado por estafadores ni oportunistas, sino que ellos son estafadores y oportunistas que se aprovechan de esta creencia pero no es que lo hayan inventado, ni más faltaba.

El considerar que los planetas, en realidad cualquier cosa que se pudiera ver en el cielo en una noche estrellada, tenía que influir en el comportamiento humano resulta lógico en la medida que para los tiempos de los antiguos egipcios, babilonios y griegos, cuando alguien tenía una discusión familiar con algún miembro de la familia o visitante al hogar, seguramente salía al exterior de la vivienda y mirando al cielo se preguntaba el porqué de ese comportamiento. Al no haberse inventado en aquellas épocas el gremio de los psicólogos y los psiquiatras; los precursores de los actuales médicos curaban con métodos que integraban magia, productos naturales y poderes sobrenaturales. De este modo se comprende que no quedaba más remedio que explicar cualquier cosa como producto de la influencia de esas luces que titilaban (cabe aclarar que no se podía hacer diagnósticos en noches nubladas). Ante la falta de información todo aquello que se alejaba del conocimiento se atribuía a influencia celestial, desde la enfermedad de un rey, a abundancia de cosechas, o el advenimiento de alguna maldición como plagas, sequías (o más recientemente el reguetón).

En épocas donde no había aún acceso a la televisión por cable, el observar el movimiento de los cuerpos luminosos en el cielo nocturno sin duda era un espectáculo gratuito, gratificante y adicionalmente valioso para ejercitar la imaginación. De esta manera, al prestar atención a las miles de estrellas visibles a simple vista no faltó el que creyera observar que se formaban ciertas figuras si unía imaginariamente algunos de esos puntos luminosos. Posteriormente esto se aplicaría en revistas de pasatiempo conteniendo también sopa de letras, crucigramas y sudokus. Esto dio lugar a simpáticas figuras que hoy conocemos como constelaciones. También la mayoría de nosotros conocemos que cada punto luminoso no corresponde a pequeños agujeros en una inmensa tela negra, como seguramente algunos *conspiracionistas* están proponiendo en este momento, sino que entre cada punto puede haber distancias inmensas (por algo llamadas distancias astronómicas) con lo cual se podrían imaginar cuantas figuras se nos ocurran, es decir no solo la Osa mayor sino con un poco de imaginación, el osezno con bigotes y los tiernos ositos.

Ataraxia: Definida como la incapacidad del ser humano para sentir frustración, suele confundirse y atribuirse a un espíritu positivo y luchador. Dado que se trata de un trastorno provocado por un accidente cerebrovascular o un fuerte golpe frontal en la cabeza, para los interesados el terapeuta se encargará de golpear con la fuerza adecuada para que el paciente logre alcanzar el nuevo nivel de tolerancia. Lo interesante de la práctica es que al no sentir frustración soportará el dolor como un varoncito (o mujercita según el caso) y se evita de este modo que tome represalias contra el supuesto profesional. Debe tenerse cuidado porque suelen confundirse lágrimas de emoción con dolor. A los pacientes que han sido sometidos a este tratamiento contundente no solo se los identifica con un comportamiento alegre y optimista, sino que suelen ser seleccionados para estudios poblacionales sin sentido como evaluar cuáles habitantes de cual país son más felices. A veces se los confunde con un comportamiento suicida, también conocido como kamikaze, ya que suelen tocar a la puerta de domicilios de desconocidos pero en lugar de salir corriendo se quedan quietos. Aún no se sabe si se trata de casos de ataraxia o de simple estupidez.

Atlántida: Continente desarrollado y maravilloso, con habitantes altos, bellos, atléticos y ricos, dominaban ellos

 Primera guía completa de pseudociencia, mitos y otras carretas
(Primera parte)

la tecnología, no tenían problemas de energía, controlaban el clima y curaban enfermedades (incluso no existía el reguetón en este envidiable paraíso). Esta historia fue citada por primera vez por Don Platón en el año 355 a.c. (lo de "don" porque para ese año tenía 70 primaveras) en los diálogos *Trimeo y Cristias*. Desde aquellos años hasta la fecha no han faltado curiosos deseosos de que efectivamente en algún lugar de la profundidad del océano se encuentren las ruinas de esta avanzada, pero ahora sumergida, civilización. Resulta un tanto extraño que los atlantes dominando tecnologías impensables y mucho más avanzadas que las que poseen hoy los humanos no hayan podido evitar su desaparición bajo las aguas del océano.

El que se haya mantenido esta creencia con el pasar de los siglos y a pesar del acceso creciente a fuentes de información fiable con los años, se entiende en la medida que al observar el comportamiento de la mayoría de los seres humanos (entre los cuales se exceptúan a los autores de la presente obra) no queda otra ilusión de pensar que hubo un tiempo mejor, donde nada era como es ahora.

Que la Atlántida se la ubique en el océano atlántico, con menor probabilidad respecto al pacífico (cuya superficie es casi el doble de la del atlántico) pareciera obedecer que de no ser así el continente se hubiera terminado llamando *Pacífida* y sus habitantes *pacífides*, con lo que aún si fueran altos, bellos, atléticos y ricos, no evitarían las burlas de habitantes de otros continentes quienes no dejarían de crear apodos a estos personajes.

Alopatía: Técnica terapéutica que se basa en aplicar elementos que producen efectos similares a los que produce la enfermedad que se quiere tratar. Por ejemplo, un dolor en un dedo se trata a través de la aplicación de un delicado, pero firme martillazo en el dedo doliente. Si no se cae, se cura.

Otro ejemplo que se puede mencionar es el tratamiento de un preinfarto provocando uno similar, por ejemplo apelando a la ayuda de actores experimentados que se hacen pasar por atracadores, violadores, cobradores de impuestos, etc.

Al igual que con otros tratamientos con esta terapia debe considerarse ciertas limitaciones: por ejemplo para el caso de pacientes fallecidos aún no se ha podido conseguir su resurrección matándoles nuevamente.

Astrología: Esta disciplina se encarga de estudiar la influencia de los astros en la vida de los seres humanos y sus sociedades. Según esta antiquísima costumbre los planetas y estrellas son capaces de influir y determinar la vida del ser humano. No se ha establecido muy bien el mecanismo por el cual son capaces de ejercer esta influencia decisiva, sin embargo se sabe con absoluta precisión que la posición de los cuerpos estelares al momento del nacimiento son aquellos que determinan todo, todo todo, todo todito todo.

Con el advenimiento de ciencias modernas como la astrofísica y el desarrollo de la astronomía se ha determinado que además existen otros objetos en el universo como agujeros negros, quásares, supernovas y materia oscura. Pero la astrología aún prescinde de todos estos componentes dado que parecen ignorar al hombre, o podría ser que estén resentidos, puesto que cuando se formuló la astrología no se conocía su existencia y por tanto no se les incluyó en las cartas astrales, y ahora entonces ellos prefieren pagarnos con la misma moneda e ignorarnos.

Para más detalles sobre la astrología se recomiendan textos que serán referenciados de forma académica en su horóscopo de confianza.

B

Bibliomancia: Dícese del arte de adivinar el futuro abriendo al azar una página de un libro e interpretando adecuadamente lo que dice ahí. Para obtener resultados fiables se requiere el concurso de tres elementos claves: el arte adivinatorio de quien ejerce, conocido como bibliomancista o bibliomanceta en los círculos académicos; un libro que se adapte a la personalidad del cliente y toda la inocencia (y dinero) del mismo.

Si bien se describe como un método sencillo y que no requiere de logística compleja, no cualquier aficionado puede dominar el arte adivinatorio. En las escuelas destinadas a tal efecto se hace especial hincapié en la selección del texto ya que existen reportes de desgraciados consejos generados a partir de la interpretación de Los hermanos Karamazov (aparentemente en una versión apócrifa tal como argumentó el abogado defensor en el juicio). En los distintos ciclos de formación del adivino se comienzan con textos sencillos de interpretar como La Cenicienta y Blancanieves (módulo I y II respectivamente)

 Primera guía completa de pseudociencia, mitos y otras carretas
(Primera parte)

para subir el nivel de complejidad hasta que el aspirante llega a la defensa de grado interpretando el futuro a partir de la lectura del código alimentario, en algunos casos, o un recetario de comida francesa, en otros.

Biocomunicación: Los cultores de esta práctica la basan en la emoción paranormal, sea lo que esto implique, y la percepción en las plantas. Al parecer quien investiga inicialmente esta comunicación, quien no tenía mascotas y disponía de mucho tiempo en su casa, comienza a modificar la manera de cuidar las plantas de jardín y al observar que si las regaba mientras cantaba la sinfonía número 6 Pastoral de Beethoven ellas crecían bonitas y frondosas. Inmediatamente concluyó que las plantas responden con sus emociones y energías. Al parecer alguien consultó si no había incluido en los ensayos el regarlas sin cantar, pero consideró innecesario el experimento ya que no sería tan divertido.

La idea de esta biocomunicación se extendió y de aquí deriva la idea sobre que a las plantas hay que hablarles, incluso se menciona que, dependiendo del género o si son de interiores o exterior, es conveniente recitarles algunas obras de Gustavo Adolfo Bequer, en otras se obtienen mejores resultados con Poe mientras que para un puñado de cactus no hay nada mejor que Nietzsche.

En el momento de escribir esta obra se adelantan algunos experimentos para evaluar el crecimiento del frijol en el tradicional experimento escolar, cantando algunos compases de reguetón, pero al parecer tiene un efecto negativo al igual que con las personas, con lo cual se descarta que los fríjoles sean sordos. Por el momento se ha reportado adicionalmente la desaparición de algunos fríjoles después de someterlos a largas exposiciones a este género urbano prometiéndoles que al otro día tendrían otra dosis igual o más larga.

- Me comentó el doctor Pérez que está obteniendo resultados increíbles en su comunicación con plantas carnívoras.

Brujería: Arte practicado por profesionales altamente especializados, identificados en el bajo mundo como brujos y aún más conocidos en su forma femenina, brujas, dado que ha sido históricamente una profesión ejercida preferentemente por mujeres. Dentro de las prácticas habituales en este oscuro arte, se encuentra la conjuración de espíritus, transformación corporal, hechura de brebajes y pociones, caminata nocturna sobre techos de tejas de barro, trenzado de crines, vuelo en escoba y recogida de sal grano por grano. Todas ellas comportan un duro entrenamiento de muchos años y una iniciación bastante lujuriosa en el famoso aquelarre donde todas las iniciadas se unen en comunión con sus cuerpos desnudos para obtener los poderes que las caracterizan.

Entre las leyendas más conocidas sobre las brujas están las de aquellas que se encaprichan con un hombre y lo persiguen día y noche. Dicen esas leyendas que una bruja puede tratar de engatusar a un hombre por todos los medios que su arte le permita. Lo espían de noche, ensortijan sus cabellos, lo persiguen durante el día, le dan bebedizos para que se enamoren de ellas, entre muchas otras torturas horrendas. Nadie entiende aún la razón de la fijación por un hombre en particular y sobre todo por desperdiciar sus poderes en tan vano objetivo. Parece ser que algún hombre enamorado de una bruja inventó esa leyenda para no quedar muy mal delante de sus amigos admitiendo que una bruja lo había despreciado.

C

Carta astral: También conocida como carta natal consiste en una interesante herramienta para predecir prácticamente todo lo que le pueda pasar a uno en la vida teniendo en cuenta como se encontraban ubicados todos los planetas en el momento de nuestro nacimiento. En esta estructura se tienen en cuenta por tanto los signos, que se relacionan con la personalidad, las casas que representan áreas de la vida donde sucederán cosas y los planetas que como es obvio representan la energía que guía todos nuestros comportamientos.

Cabe destacar que para aumentar la precisión en las previsiones suele resultar útil tener en cuenta otros factores adicionales como lugar de nacimiento, ingresos mensuales de los padres, estado de salud familiar, antecedentes de enfermedades genéticas en la familia, saber si los padres son primos entre sí, cantidad de herencias disponibles, etc.

Otro aspecto interesante es que para la elaboración de la carta astral se utiliza el sistema geocéntrico, es decir que

 Primera guía completa de pseudociencia, mitos y otras carretas
(Primera parte)

se toma a la Tierra como centro del sistema solar. Por alguna razón extraña los profesionales astrólogos siguen aplicando este sistema de referencia a pesar de que hace años que está rebatido este concepto como bien lo saben los amigos de don Giordano Bruno que tuvieron que recogerlo, ya en forma de cenizas, en el año 1600 cuando tuvo la mala idea de llamar la atención sobre lo equivocado que estaba esta forma de ver nuestro universo.

De todas maneras, la creencia en cartas astrales tiene un indudable beneficio ya que al asignar al universo la responsabilidad de todo lo que sucede en nuestras vidas le da sustento a una afirmación que suelen usar algunos creyentes al ser descubiertos en algún acto pecaminoso: "Es que no soy yo…son los planetas".

- No te molestes Mor…no soy yo, es la carta astral.

Chichón (tratamiento): Hematoma subcutáneo abultado y doloroso en la piel que cubre el cráneo, producido por una contusión, es decir pedazo de bulto que suele aparecer en la frente, especialmente para bebés iniciando el duro camino de caminar sin ayuda o para habilidosos delanteros luego de haber intentado superar el rudo marcador central del equipo contrario. Básicamente se trata de la ruptura de pequeños vasos sanguíneos y posterior acumulación de líquido conocido como edema. Teniendo en cuenta la necesidad de utilizar métodos que permitan la vasoconstricción, se ha empleado habitualmente la aplicación de objetos fríos sobre la zona afectada. En este sentido se emplean una gran variedad de recursos que van desde algunos tiernos como un trozo de carne (tierna) refrigerada a elegantes bolsas con hielo. Lo del bistec, obedecía a que en una época implicaba un objeto que debía estar refrigerado, pero podría adoptarse cualquier otra cosa fría que se encuentre en la nevera (ver acalorado), es decir una arepa del día anterior, el carbón para eliminar olores, etc. En caso de tener una nevera vacía no es recomendado meter la cabeza ya que se produciría un gasto importante de energía.

Existe adicionalmente una terapia alternativa en la que se utiliza el interior de una papa cruda para tratar el chichón. Se toma una papa, se parte a la mitad y firmemente se presiona contra el bulto, dejándola en esa posición por un par de horas o días dependiendo de la fortaleza del golpe recibido. Extrañas leyendas dicen que una papa criolla no sirve para este tratamiento, y que se debe utilizar una papa capira o una papa nevada, sobre todo esta última dado que combina su efectividad con el frío, así no esté refrigerada, por lo de "nevada".

 Primera guía completa de pseudociencia, mitos y otras carretas
(Primera parte)

Chiflón: Primo hermano del sereno pero en forma de viento frío que recorre rápidamente la atmósfera. Estar expuesto a su nefasta influencia puede traer consecuencias catastróficas, como un catarro, una gripa, y algunos afirman que puede dar cáncer. Se sabe que ha pasado el chiflón cerca de usted porque lo recorrerá un calambre por toda la columna, seguido por un temblor en los dientes, piel de gallina y un inminente debilitamiento en todo el cuerpo. Algunos afirman poder verlo con los ojos, y otros afirman que se puede meter en los pulmones e instalarse allí por un par de días generando otro indeseable fenómeno llamado "un viento encajado". Los más atrevidos estudiosos del chiflón, conocidos como chiflonólogos o chiflados, aseguran que este viento puede generar cualquier enfermedad y diversos efectos sobre el cuerpo, no solo cáncer sino también chichones, artritis, VIH, petequias y hasta pecas. Por eso recomiendan no salir de noche y si debe salir utilizar chaquetas anti-chiflones que se pueden conseguir con su chiflado de confianza.

Chupacabras: Animal mítico de latitudes tropicales especializado en chupar la sangre de las cabras, dando origen a su nombre. Este animal hizo su aparición en los grandes medios hacia los años 90 cuando se registraron ataques en varios lugares donde cabras y gallinas aparecían completamente drenadas de su sangre. Cada ataque ocurría en alguna granja alejada y rara vez dejaba un testigo. Los pocos testimonios describen el animal como un ser amarillento y blanco, delgado y terrorífico, con dos grandes colmillos que sobresalen de la boca por donde supuestamente succiona la sangre de sus víctimas. De la estadística de los ataques se podría decir que prefieren como alimento las cabras, las gallinas, las vacas y una que otra llama que fue confundida por otra presa.

El origen de este animal es todo un misterio, y sobre todo el hecho de que apareciera a la luz pública sólo hasta los años 90. Dice un testigo conocido por los autores de esta enciclopedia, que pidió no revelar su nombre, que los chupacabras surgieron de un vampiro muy borracho que confundiendo a una cabra con una damisela en medio del desierto procedió a chupar su sangre tratando de convertirla en un vampiro. El susto del pobre vampiro al día siguiente fue mayor cuando despertó con una cabra entre sus brazos en lugar de la hermosa mujer. La cabra huyó despavorida y al cabo de unas semanas que se operó en ella la transformación vampírica comenzó a atacar granjas y transformar a sus congéneres.

Cienciología: Una de las tantas religiones nacidas en Estados Unidos en el siglo pasado. Si bien tienen escrituras sagradas y cobran sumas significativas a sus seguidores por conocer sus secretos, el episodio 137 "Trapped in the Closet" de la serie South Park se ha convertido en su material oficial y guía espiritual al igual que ejemplo de vida para todos los cienciólogos. La cienciología parece predicar el antiguo combate de unas razas alienígenas en la Tierra y la final devastación de una de ellas, siendo las almas de estos pobres extraterrestres lo que atormenta a los humanos (es decir unas almas verdaderamente desalmadas, si se nos permite el término). No clarifican muy bien porque estas almas decidieron molestar a los humanos que nunca les hicieron nada. Tampoco parecen aclarar cómo un alma alienígena es más molesta que un alma terrícola, si bien las almas alienígenas, según algunas culturas, pueden llegar a espantar a uno que otro humano desprevenido el único propósito de estas almas ajenas a la Tierra es entrometerse en la vida de los humanos. Pero el mayor misterio es que el mayor recurso para esta religión resultan ser los dividendos, las

   Primera guía completa de pseudociencia, mitos y otras carretas
(Primera parte)

propiedades y todo cuanto tenga valor económico. Por tanto sus seguidores solo pueden acceder a la curación, extirpación de almas, y bienestar prometido a través del pago de gruesas sumas de dinero. Pareciera ser que al final del día lo único que quieren los seres extraterrestres es dinero, un gran indicador de que las divisas terrestres son válidas en otros sistemas planetarios.

Científicamente (comprobado): Frase que es empleada habitualmente como sinónimo de garantía de éxito o de eficacia total, algo (el éxito y la eficacia) que suele ser esquivo al campo científico.

Para ejemplificar esto supongamos que un grupo de investigadores de una universidad de Tasmania, realizan un experimento puntual usando una línea celular determinada, a la que le aplican una molécula que ha sido extraída de un árbol de eucalipto y purificada lo más posible, accidentalmente cae una gota sobre el brazo de uno de los investigadores, le produce un enrojecimiento pasajero y luego observa coloración brillante de 3 pelos. Lo comentan durante la pausa del café, alguien lleva la anécdota a la casa, de ahí alguien lo sube a las redes sociales, y a la semana una tienda en Medellín ofrece un elixir (chino, obtenido de vaya a saber qué árbol) como la panacea para vencer dermatitis, fortalecimiento capilar, pies planos y amores negados; todo "científicamente comprobado".

Es por esto que los científicos emplean términos como: *intervalos de confianza*, *margen de error*, etc. y los publicistas la frase: *aplican restricciones*, aunque siempre en letra mucho más pequeña y prácticamente ilegible como ha sido científicamente comprobado.

Cirugía energética: Según la información disponible, la cirugía energética consiste en extraer con las manos, sin tocar al paciente, cualquier densidad de energía estancada, entidad o bloqueo energético del cuerpo. Procedimiento exitoso particularmente cuando el profesional que lo aplica tiene como segunda profesión el de la magia; si bien hay que tener en cuenta que para el caso de apendicectomía no es recomendado porque en lugar del apéndice suele extraerse conejos y pañuelos de vistosos colores. Este procedimiento está cubierto por muchas entidades prestadoras de salud que no aportan de manera simbólica buenas energías y deseos, mientras que el paciente debe hacer importantes desembolsos de dinero, pero de verdad.

Cortarse el pelo con la luna: Práctica que consiste en realizar tratamientos capilares en consonancia con las distintas fases lunares en la creencia que, así como aquel satélite ubicado a unos 400.000 km de distancia provoca alteraciones en el nivel del mar, provocaría efectos notables en el crecimiento de las distintas vellosidades presentes en el cuerpo humano con unos 2 milímetros de diámetro. Al igual que algunas vellosidades esta creencia se encuentra bastante arraigada en muchas personas y resulta difícil eliminarla (al igual que algunas vellosidades). Diversos estudios se han realizado intentando explicar el origen de este mito. Según el historiador sevillano Evaristo de la Parra el origen tendría que ver con una leyenda muy comentada en el pequeño condado de Rutland, en Inglaterra. Según el trabajo de De la Parra tendría que ver con una leyenda medieval relacionada con el único barbero de la ciudad, Donald Moon. En aquellos tiempos las madres acostumbraban a ordenar a sus hijos con abundante cabellera para que fueran a hacerse cortar el pelo utilizando la expresión *"go to D.Moon"*, la que al ser traducida por unos monjes españoles que pasaron por el sitio en un retiro espiritual, se convirtió en *"cortarse con la luna"*, posteriormente la frase llegaría al continente americano con los conquistadores quienes para soportar las largas jornadas con poco viento en las velas, se dedicaban a acicalarse mutuamente como quedara registrado en el libro de bitácoras de al menos dos almirantes de cabellera prominente.

La obra de De La Parra no es muy conocida, al parecer producto de un complot de varias fábricas de peines. Otros autores han propuesto explicaciones diferentes relacionando la práctica de la peluquería a ciertos hábitos de los pobladores originales de América, quienes normalmente cortaban el cabello de los adversarios directamente con la cabeza al realizar la práctica con afiladas y pesadas espadas.

Recientemente se ha retomado el análisis de esta práctica luno-capilar ahora desde el punto de vista astronómico, ya que un grupo de astrónomos de Europa Oriental han postulado que así como las fases lunares afectan el crecimiento del cabello en la Tierra, por extrapolación se estableció que las formas vivientes de Venus y Mercurio son calvos al no contar con luna alguna para estimular el cuero cabelludo. Por el contrario se evitarían las misiones con destino a Saturno y Júpiter, ya que con 62 y 63 lunas respectivamente, los monstruosos habitantes adoptarían la forma de cepillos frondosos. En el mismo sentido actualmente en la NASA, la ESA y un par de empresas privadas están analizando cómo superar la dificultad que tendrían los próximos viajeros a Marte, ya que es más sencillo resolver el problema de la alimentación, acceso de agua y soportar las condiciones climáticas extremas; que el decidir en qué momento se debieran los astronautas cortar el pelo ya que a este planeta le acompañan sus dos lunas Fobos y Deimos. Las primeras proyecciones indicarían que sería conveniente que lo hicieran en Deimos creciente y tratando de evitar a Fobos todo lo posible.

- ¿Houston?...tenemos un problema.

Cristaloterapia: De acuerdo con las conclusiones a las que arribaron recientemente un grupo de reconocidos historiadores esta terapia tendría su origen en épocas de la conquista. En aquellos tiempos los navegantes que arribaban a estas tierras vírgenes, si se nos permite la expresión, acostumbraban a intercambiar cristales de colores que eran la última tendencia en moda en Europa por poco agraciadas piezas de oro. Es entonces de esta manera que se transmite el mito de generación en generación y donde lo único que cambia es el modo de pago: efectivo, tarjeta de crédito o PSE. Se trataría por lo tanto de una gran venganza de los pueblos originarios quienes con un adecuado uso de las redes sociales consiguieron convencer que tener esos minerales en la casa pueden afectar positivamente el bienestar de las personas.

Dentro del conjunto de cristales se destaca el cuarzo a quien se le atribuyen exageradas propiedades, que van mucho más allá de la información que popularmente se maneja: es decir que es una estructura cristalina de silicato, donde un átomo de silicio se encuentra unido a cuatro átomos de oxígeno formando un tetraedro, que funde a los 1713 grados Celsius y que es transparente a la radiación ultravioleta. Luego de numerosos estudios comparativos en el campo de la salud se ha podido demostrar que un buen cristal de cuarzo tiene tantas propiedades curativas como un pedazo de ventana, el espejo del baño o un cristal de sal gruesa.

D

Diafreoterapia: La diafreoterapia se define como un trabajo somato-psico-emocional (sea lo que esto signifique) por el cual a partir de un trabajo físico, tanto sobre sus cadenas musculares como en la conciencia del mismo (sea donde esto se ubique), se consigue "integrar la totalidad del ser humano, introduciendo la parte psico-emocional" (sin especificar donde se realizaría dicha introducción). Si bien se emplean términos llamativos como "anillos bioenergéticos" y "estructuras caracteriales" al parecer la terapia trabajaría alrededor el manejo de la postura, aunque no queda claro si se refiere a ubicación en el contexto social, frente a la incertidumbre que implica el estar vivos o simplemente como acomodar la espalda en el sillón. También se hace énfasis en la respiración, la que se relaciona con emociones y que por tanto se considera que la técnica actúa dando movilidad, motilidad, funcionalidad y en definitiva vida. De todas maneras se debe resaltar que la mayoría de las personas aprenden a respirar y vivir sin necesidad de acudir a alguna terapia en particular.

 Primera guía completa de pseudociencia, mitos y otras carretas
(Primera parte)

Dióxido de cloro: Humilde compuesto de cloro que adquirió fama mundial con el advenimiento de la pandemia por coronavirus. Al igual que muchos otros compuestos de cloro (el blanqueador que compramos en el mercado por ejemplo) tiene propiedades oxidantes. Esto se evidencia cuando inadvertidamente lavamos esa blusa de colores vivos y la convertimos en un disfraz de hippie en decadencia con esos nuevos colores en degradé.

Como otros agentes oxidantes este tipo de soluciones son utilizados por tu actividad antimicrobiana, es decir que al igual que con las moléculas responsables del color de la blusa también degrada efectivamente bacterias, virus, parásitos y cuanto ser vivo se le cruce. Esto ocurre en el proceso de desinfección de agua, alimentos, superficies, etc. A pesar de estas útiles propiedades aún no ha sido demostrado su eficacia para el tratamiento de bobadas, como la que conduce a algunos fieles creyentes de redes sociales a ingerirlo en la creencia que es efectivo para destruir al coronavirus. Este supuesto efecto es tan válido como hacer gárgaras con un buen insecticida ante la sospecha de haber tragado un mosquito.

Ante los adeptos a estos drásticos tratamientos es conveniente no mencionarles la existencia de la flora intestinal para prevenir el uso posterior de herbicidas y fertilizantes incompatibles con la vida. Los más avezados practicantes de la ingestión de dióxido de cloro han empezado a experimentar con bebidas a base de glifosato. No se ha vuelto a saber de estos personajes.

Dios (dioses): Léase, dios, diosa, Dios, Diosa, dioses o Dioses. Podría pensarse que cabría mencionar en ese apartado a algunas personas que pueden llegar a pensar ser merecedores de esta categoría, pero esos personajes sí son reales y por tanto escapan a la cobertura de esta enciclopedia. Durante la historia de la humanidad se han producido ideas en extremo interesantes sobre la posible existencia de seres más allá de lo natural, seres con al menos una conciencia y un don de gente extraordinarios. Excepto los dioses iracundos y rabiosos que se dedicaban a matar gente. Vienen en todas las presentaciones posibles, con trompa de elefante unos, otros con cara de gato, o con barba de ermitaño. Algunos más promiscuos que el más promiscuo de los humanos, otros más sin ningún efecto sobre la humanidad. En todo caso seres de algún carácter divino a los cuales el ser humano debe cierta reverencia y devoción. Para efectos explicativos el mejor ejemplo de la historia de la humanidad es el monstruo de espagueti volador, nadie puede decir a ciencia cierta que no existe, pero sería digno de reverencia en caso de existir.

    Primera guía completa de pseudociencia, mitos y otras carretas
(Primera parte)

E

Empacho: Conocido también en el bajo mundo con el poco agraciado nombre de dispepsia, corresponde básicamente a los efectos producidos por un atracón de comida como si de la última cena fuera. Algunos eruditos aseguran que este hábito tiene sus orígenes en las costumbres gastronómicas de algunas tribus vikingas, otros ubican el comportamiento en los fieros bárbaros o en algunos desequilibrados emperadores romanos. Actualmente los focos de indigestión suelen encontrarse en algunos patios de comida rápida y en fiestas de cumpleaños. Dependiendo de la región geográfica se suele apelar, infructuosamente, a distintos métodos para aliviar la pesadez estomacal. Estas terapias van desde inofensivas tisanas, es decir infusiones de algunas plantas en las cuales se deposita toda la fé para que haga el milagro, o directamente apelando a rezos para invocar y de este modo permitir algún milagro que permita acomodar semejante atracón de comida en el volumen finito del estómago. En suramérica se suele emplear un método no invasivo, aunque un tanto agresivo, conocido como la acción de "tirar el cuero", que consiste literalmente en realizar estiramientos de la piel preferentemente en la zona lumbar, seguramente en un procedimiento que asemeja al sacudón de un costal de papas para conseguir que los tubérculos se acomoden mejor.

Espinología: La Espinología es una terapia natural de tipo estructural que busca la alineación correcta de las vértebras eliminando los desajustes que ocasionan presión en los nervios como resultado, esto puede bloquear el flujo de mensajes que el sistema nervioso envía a todo el organismo interfiriendo en su correcto funcionamiento. Se menciona que el especialista, conocido como espinólogo, estimula la energía universal que hay dentro de cada ser viviente permitiendo que la inteligencia innata se manifieste a través de la sanación y regeneración del organismo de forma natural, obteniendo mejores resultados si la alineación la realiza en un taller de alineado y balanceado para garantizar el desgaste parejo de los zapatos.

Eugenesia: La eugenesia es un conglomerado de conocimientos que intenta diligentemente demostrar que una raza de seres humanos es particularmente superior al resto. Ella ha justificado procedimientos dolorosos, pero justos según los que creen en la eugenesia. Por ejemplo la castración quirúrgica de personas que han considerado indignas de reproducirse. O el ahorcamiento en masa de personas poco dignas debido a su material genético. Los estudios eugenésicos se especializan en el parcializado de datos que beneficien sus hipótesis. Por ejemplo, en lugar de tener en cuenta factores ambientales, sociales o históricos simplemente los ignoran para poder demostrar sus teorías. Esta técnica ancestral es conocida como la ignorancia voluntaria de datos con tal de demostrar cualquier desfachatez.

F

Fantasma: Definido como imagen de un objeto que queda impresa en la fantasía o también como visión quimérica como la que se da en los sueños, entre otras definiciones, ha sido objeto de estudio, curiosidad y susto durante la historia de la humanidad. En años recientes se pudo al menos verificar que muchas de las imágenes impresas que en realidad correspondían al temible momento en que se velaba el rollo de fotografía (en los años en que estos se utilizaban) o esos seres borrosos e iluminados que se reportaban como fantasmas en realidad era el primer plano del pulgar o el índice tapando la cámara trasera del celular inteligente. En otros experimentos se ha logrado disminuir la cantidad de visiones quiméricas simplemente reemplazando los litros de alcohol bebidos antes de ir a la cama por agua con gas. Al parecer el gas contenido en el agua tiene propiedades enérgicas atacando y disolviendo fantasmas.

Fortuna (para la): Ante la imposibilidad de controlar el destino y la incertidumbre a la hora de tomar la mejor decisión, los seres humanos desde la antigüedad han depositado su ilusión y deseos en objetos que actúan con talismanes mágicos protegiéndoles y atrayendo la fortuna.

Existe una gran diversidad de objetos que van desde algún adorno poco delicado elaborado con alguna parte de los enemigos vencidos en batalla a simpáticos elementos ornamentales de metales preciosos o vulgar plástico según el estrato social del iluso portador.

En algunos casos se apelan a poderes invisibles obtenidos a través de baños con esencias recomendadas, las que si bien no garantizan fortuna al menos deja presentable al usuario. En otros casos se confía ciegamente en el poder que puedan irradiar objetos aparentemente inofensivos (ver cristaloterapia) o en otros casos, para evitar que las radiaciones vayan en rumbos equivocados se hace énfasis en el deseo material añadiendo billetes a los objetos portadores de la suerte. De esta manera se suele enrollar un billete de baja denominación (por si no funciona el método no invertir demasiado en el intento) en la trompa de un elefante de cerámica. Según datos disponibles este procedimiento ha resultado efectivo para la prosperidad de los fabricantes de elefantes de cerámica. Otro caso similar es la ubicación estratégica de un poco agraciado gato, quien a modo de llamada a la prosperidad hace señas con uno de sus brazos en un movimiento perpetuo que es motivo de atención de los físicos más renombrados. Al igual que con los elefantes este procedimiento está dando grandes frutos en los fabricantes de gatos con un brazo oscilante.

En otros métodos se intenta que la prosperidad ingrese por vía estomacal como el caso de la costumbre argentina de comer un buen plato de ñoquis (interesante comida de origen italiano en una mezcla de papa y harina) los días 29 de cada mes. En este caso discretamente se ubica un billete debajo de cada plato para llamar a la prosperidad y riqueza. Normalmente esto no funciona, pero deja a los creyentes en un estado de sopor cual boa recién almorzada y resulta menos traumático que ofrecer el corazón de un guerrero enemigo o sacrificar alguna doncella virgen como hacen otras culturas.

Cabe destacar de todas maneras que hasta el momento el único método para atraer la prosperidad, demostrado científicamente (ver científicamente demostrado), es la adquisición y lectura completa de esta primera guía completa.

Frenología: En sus orígenes esta teoría consideraba que era posible conocer aspectos de la personalidad y carácter de un individuo por la simple observación de la forma de la cabeza de este. Si bien este método perdió interés en el siglo XX, recientemente se ha reflotado la práctica analizando el mensaje que transmiten los rostros de los candidatos a puestos de elección popular en el momento de posar para las imágenes gráficas que inundan calles y avenidas. Este método, al que algunos intentan renombrar como afichología, permitiría anticipar la cantidad de corrupción que el personaje es capaz de implementar en caso de acceder al puesto para el que se postula. Los primeros ensayos realizados indican que el grado de honestidad estaría siguiendo una relación inversa con la amplitud y blancura de la sonrisa en el afiche. Se agravaría si la sonrisa se acompaña con señales de victoria, brazos extendidos como señalando un paraíso lejano o la mano derecha sobre el pecho.

G

Geometría sagrada: Terapia fundamentada en la atención que siempre ha generado la majestuosidad y belleza de los grandes templos en el mundo. Esta práctica intenta rescatar de los rincones geométricos (que es donde normalmente se esconden) sitios sagrados donde el placer y la espiritualidad se congregan. Del simple gozo y placer de observar algunos audaces terapeutas ofrecen soluciones revolucionarias a un gran conjunto de enfermedades instruyendo a los ilusionados pacientes en el arte del cubo, el rectángulo y otras formas básicas. Si bien algunos investigadores matemáticos pierden tiempo con lo que conocen como teoría de grafos, estos innovadores encuentran la manera de aplicar la regla, el compás y el transportador para, como ellos afirman en la publicidad, encontrar el código de lectura del mundo interior y el exterior. Es importante aclarar que esta terapia no es adecuada para cualquier persona. Si usted no ha pasado de hacer esos infantiles dibujos de una casa con el árbol al lado, en caso de dolencia se le recomienda

 Primera guía completa de pseudociencia, mitos y otras carretas
(Primera parte)

que siga el tratamiento clásico, menos artístico pero tal vez más efectivo.

Geocromoterapia: Terapia dirigida a sanar contusiones menores en el alma, relacionada con planos existenciales, que a diferencia de los que elaboran los arquitectos y agrimensores, no se ha visto uno hasta el momento. Esta curiosa terapia que permite un bienestar económico único (de la persona que la aplica) se basa en una compleja mezcla de polígonos geométricos con colores. Como ayuda terapéutica se emplea agua de mar codificada, es decir que al tradicional contenido salino tendría adosado un código de barras que solo el terapeuta puede leer. No se cuentan con muchos detalles sobre los resultados obtenidos con la geocromoterapia aunque se menciona que se han ensayado tratamientos basados en el teorema de Thales, aunque el de Pitágoras ha resultado ser más efectivo, especialmente el del color azul.

Grafoterapia: En esta técnica se trabaja sobre doce trazos, previamente estudiados, con los que se pretende reeducar la escritura para influir en la parte psíquica (sea lo que esto implique) o psicológica de la persona. Si bien se aduce que esta práctica tiene el propósito de mejorar la conducta y la personalidad, según otros investigadores obedece a la necesidad de homogeneizar criterios a la hora de descifrar escrituras de culturas del Pleistoceno medio, así como de recetas manuscritas de médicos, aunque en este segundo caso hasta ahora no ha sido posible conseguir el objetivo.

H

Hidroterapia del colon: Esta técnica depurativa e invasiva como pocas, consiste en un lavado a fondo, o mejor expresado desde el fondo, con agua templada bajo presión, del intestino grueso con el propósito de restaurarlo a una condición anterior, conocido en algunos círculos profesionales como el reseteo del intestino. Este incómodo y poco recomendado procedimiento, excepto cuando implica una preparación para una cirugía de la zona, al parecer tiene como origen una confusión histórica. Según las fuentes consultadas estaría relacionado con una práctica que acostumbraba a realizar el marinero genovés Cristóbal Colón, durante la primera travesía hacia las Indias. Bajo el sol radiante en el atlántico solía sufrir mucho el calor (ver acalorado) y acostumbraba a sentarse en una cuba de madera llena de agua de mar para refrescarse sus partes pudendas. Este hábito era conocido entre los marineros como la hidroterapia de don Colón, frase de la cual deriva este tratamiento tan inconveniente.

 Primera guía completa de pseudociencia, mitos y otras carretas
(Primera parte)

Hidroterapia de Don Colón

Homeopatía: La medicina homeopática considera que mientras más se diluya un elemento medicinal mayor será su efecto sobre el enfermo. Según quienes la practican podríamos tomar un grano de azúcar, disolverlo en un litro de agua, para luego tomar una gota de la dilución y llevarlo a dilución en otro litro de agua. Después de repetir este procedimiento unos cuántos millones de veces, (se recomienda un millón de millón de millones de veces porque rima y es difícil de pronunciar), sería el agua más dulce del planeta Tierra, o mejor aún del universo completo. Algún desocupado en una conferencia de homeopatía preguntó por qué entonces el agua de mar no sirve para curarlo todo dado que ha diluido en partes infinitamente pequeñas todo el contenido de la Tierra. Cuando la respuesta llegue se incluirá en este apartado.

Horóscopo: Definido como *predicción del futuro basado en la posición de los astros y de los signos del zodiaco en un momento dado*, entendiéndose como astros a los planetas de nuestro sistema solar y no a destacadas estrellas del deporte o el cine. Íntimamente relacionado con la astrología (ver astrología, carta astral) el horóscopo constituye una herramienta útil a la hora de tomar decisiones importantes ya que permite anticiparse a los sucesos venideros. Este poderoso método fue utilizado profusamente por destacados científicos como Galileo Galilei, o Girolamo Cardano. Lo anterior tiene sentido porque corresponden a personajes que vivieron en los siglos XVI y XVII, cuando navegar o la velocidad de navegación sólo se relacionaba con embarcaciones, y el acceso a la información dependía de lo que podían leer gracias al moderno invento del siglo anterior realizado por el alemán Gutenberg. Coherente en una época donde aún no había nacido Isaac Newton, ni las vacunas, ni las pilas, ni la máquina de vapor, ni el pararrayos, ni la química como la conocemos, ni el piano, ni los lentes bifocales, ni el lápiz ni la máquina de coser ni, afortunadamente, el reguetón.

Lo que aún no se ha podido comprender es porque aún quedan personas que creen en este simpático recurso antiguo teniendo en cuenta los importantes avances tecnológicos que se vienen dando desde la época de aquellos personajes hasta la fecha. Sin embargo, debe destacarse que el horóscopo conlleva prosperidad y fortuna, especialmente para quienes se encargan de elaborarlos y cobran por ello (imitando el comportamiento de Galileo Galilei). Estos estudiosos también se destacan por el desinteresado trabajo que realizan ya que ofrecen a sus clientes información sobre los números ganadores de cuanta lotería se juegue, renunciando por tanto a ser ellos los beneficiarios de tanta fortuna asegurada, limitándose a incrementar su patrimonio con base en la estafa a sus inocentes clientes.

 Primera guía completa de pseudociencia, mitos y otras carretas
(Primera parte)

Queda flotando de todas maneras la curiosidad de que personas nacidas en un mismo mes tengan comportamientos similares sin tener en cuenta el país ni el año de nacimiento. Es por eso que al momento de terminar esta obra uno de los autores aún no logra comprender qué tiene en común con Angelina Jolie, Marilyn Monroe, Paul McCartney, Robert Schumann, Tomaso Albinoni y el futbolista nigeriano Dickson Etuhu.

I

Iridología: Sin duda considerar al ojo humano como una ventana al alma tiene mucho de poético y poco de anatómico. Centrando la atención al iris (en este punto los autores consideraron de mal gusto redactar *poniéndole el ojo al iris*), es decir la parte coloreada ubicada entre la córnea y el cristalino, es el encargado de controlar el tamaño de la pupila para regular la entrada de luz. Si bien con esa función ya teníamos suficiente no faltó el médico húngaro que relacionó las características de los colores del iris con alguna parte del cuerpo. De esta manera se tenía un método no invasivo para diagnosticar cualquier trastorno. Algo sin duda atractivo para aquellos temerosos de inyecciones o exámenes rectales. Aunque algunos exámenes rectales sí parecen tener efectos sobre la coloración, temporal, de los ojos, dando lugar a la conocida acción de "blanquear" los ojos.

Adicional a la falta de evidencias científicas del método de diagnóstico se han reportado dificultades relacionadas con la distancia imprudente que suelen utilizar

     Primera guía completa de pseudociencia, mitos y otras carretas
(Primera parte)

algunos terapeutas utilizando el viejo truco de acercarse para ver mejor. (ver *mal de ojo*, es decir ver la definición de mal de ojo, o sea ver bien la definición…)

Instinto materno: Se trata de un instinto predominantemente humano, puesto que no se ha comprobado en animales. Los últimos estudios indican que tampoco ha sido identificado en humanos, pero esos estudios no se incluyen en la presente edición de esta guía.

Este instinto es conocido en el bajo mundo como "una mamá siempre sabe". Parece ser que el período de gestación del bebé dentro de la madre dota a esta de una conexión con el niño o niña, o si son gemelos, o mellizos, que no termina con el parto. Esta conexión permitiría a la madre un don especial para saber cuando algo malo le pasa al hijo o hijos en cualquier momento y sin importar la distancia. Es importante aclarar que la conexión solo permite identificar las cosas malas y no las buenas dado que sería bastante incómodo que la madre se enterara cada vez que el hijo experimentara un momento de clímax sexual. Se han reportado casos de madres que han despertado sudando sobresaltadas en medio de la noche justo en el momento en que sus hijos estaban en un accidente automovilístico. Otros casos han reportado casos de madres en la misma situación pero porque hacía mucho calor, o estaban teniendo una pesadilla, o por pura paranoia y el hijo dormía plácidamente en cama.

L

Lectura de: En este apartado se pueden aglutinar los siguientes tipos de lecturas: tabaco, taza de chocolate, cigarrillo, arrugas del ano, cartas. Este procedimiento y técnica data desde las sociedades más antiguas que se conocen y fue una de las preferidas por los griegos. El oráculo de Apolo convocaba a sus pitonisas a la lectura de las entrañas de animales sacrificados para la adivinación del futuro. Los oráculos modernos leen desde las cartas, hasta el fondo de una taza de chocolate o café, y algunos un poco más extremos y tomándose el nombre muy a pecho leen las arrugas del ano. En todas las lecturas el objetivo especial es de encontrar el porvenir a través de la técnica. Incrédulos han cuestionado como por ejemplo unas cartas pueden adivinar el futuro. Según los expertos hay una suerte de energía que se transfiere de la persona a las cartas en el proceso de lectura y que daría como resultado la adivinación perfecta y precisa del futuro del susodicho. Esos mismos escépticos han hecho notar entonces que por lo menos el chocolate o

 Primera guía completa de pseudociencia, mitos y otras carretas
(Primera parte)

el café han tenido un contacto más directo con la persona a determinar el futuro. En ese orden de ideas pareciera ser que la lectura de las arrugas del ano puede llegar a ser la más precisa forma de determinar el futuro para lo cual se requiere mínimamente una lectura aséptica, dicen los escépticos, y estar en buen estado de salud gastrointestinal.

M

Magnetoterapia: Esta técnica se remonta en sus orígenes al siglo XVIII donde el médico e hipnotizador Alemán Franz Mesmer, tomando como base las teorías populares de la época con relación a la interacción entre los planetas, considera que las fuerzas gravitacionales tenían influencia en la salud humana. Hasta ahí venía bien ya que se menciona que algunas personas parecen marcianas o que otras se encuentran en la luna o son lunáticas. El problema es cuando queriendo complementar los estudios sobre la electricidad animal llevados adelante, entre otros, por Luigi Galvani en Boloña, analiza lo que considera magnetismo animal para lo cual comienza a utilizar imanes para reordenar esa energía en los pacientes afectados. Si bien no resulta exitoso, probablemente haya sido pionero en la utilización de imanes ya que los dejaba organizados en su nevera. No existen evidencias fuertes si el trabajo de este hipnotizador tiene relación con las expresiones que indican que una persona tiene una personalidad magnética por lo atractiva que resulta,

    Primera guía completa de pseudociencia, mitos y otras carretas
(Primera parte)

ya que otras investigaciones indican que se trataría de personas pesadas y pegotas a las que no es posible sacar de encima.

En épocas recientes estos efectos han recobrado vida (si es que esto fuera posible) al responsabilizar a ciertas vacunas contra la Covid19 de aportar propiedades magnéticas como parte de los efectos secundarios de las mismas. En algunos casos al parecer este efecto ha sido tan fuerte e inmediato que el paciente ha tenido que retirarse a su hogar con la aguja clavada en el brazo ante la imposibilidad de retirarla por la evidente atracción magnética.

Mal de ojo: En esta práctica no queda claro si se trata de un poder sobrenatural de quien realiza el mal de ojo, es decir quien a diferencia de Superman que puede mirar a través de los muros con su mirada de rayos X, o de ciertos parientes que cuando se emborrachan afirman tener el poder de ver a través de la ropa (excepto la interior) de las mujeres; en este caso se avanza un paso más allá y con la mirada se consigue afectar tanto a la persona observada como para llevarla a la muerte. Otra opción sería analizar esta antiquísima interacción desde el punto de vista de la facilidad de sugestión de la víctima. En este último caso existen algunas actitudes que permiten establecer un diagnóstico preventivo del riesgo que corren de ser afectadas por el mal de ojo, especialmente cuando se analiza los equipos de fútbol de los cuales se manifiestan hinchas o cuando explican por quién votaron en los últimos comicios.

Por el lado de quienes manifiestan tener el poder de realizar el daño ocular, con perdón del término, se trata de personas con miradas penetrantes, con perdón del término, resaltadas con la posición adecuada de las cejas y las arrugas de la frente. No deben confundirse estos gestos con aquellas personas que carecen de humor, lo cual puede llevarlos a no disfrutar el presente documento, quienes suelen tener miradas similares pero en este caso simplemente se les atribuye a un gesto producido por la afección de la enfermedad conocida en el bajo mundo como *caraculismo*.

Masaje en la energía de los chakras: Esta interesante terapia bioenergética implica un ambiente agradable con aceites esenciales, cremas, toallas calientes, tés, es decir un sitio donde cualquier persona sensible desea permanecer. Se suele combinar con la elección y posterior interpretación de unas cartas, las que permiten relacionar cuales chacras son los que están necesitando una mano, o dos. Varios pacientes que solicitaron mantener su identidad en reserva indicaron que aún no saben identificar dónde quedan esos chacras en su cuerpo, otros los confundieron con sitios erógenos, algunos con cavidades indecorosas, pero todos coincidieron que no les importó porque la pasaron muy bueno con esos masajes.

Medicina cuántica: Esta técnica se basa en obtener lucro a partir de practicar las enseñanzas de la mecánica cuántica en el ámbito médico. Por medio de razonamientos *fuertes y empoderados*, (léase con una risa de fondo), trata de proyectar la mecánica cuántica en los ámbitos humanos. Por ejemplo puede llegar a sostener que todo es vibración y que, como dice la mecánica cuántica, todo tiene un comportamiento ondulatorio. Omite el hecho de que el comportamiento ondulatorio de los objetos grandes, como el cuerpo humano, es absolutamente nulo y pasa a decir que toda enfermedad puede surgir de la correcta sintonización de esta onda, de la mala vibración, o de vibraciones parásitas que invaden nuestro cuerpo y que no le permiten funcionar correctamente. Además, añade que hacemos parte de un todo y que cualquier cosa en el universo nos afecta y que podemos afectar con nuestra energía cualquier acontecimiento en el universo. Parece ser que la muerte de una estrella a través de un fenómeno cataclísmico como una supernova puede reflejarse en nuestro cuerpo como un ligero dolor de cabeza, una uña torcida, o la aparición de una cana inesperada. También podríamos lograr la caída de un asteroide sobre la superficie terrestre con la suficiente cantidad de ira, o podríamos ocasionar el colapso del universo si todos los humanos nos pusiéramos de acuerdo para odiarnos intensamente en el mismo momento.

Esta creencia de la medicina cuántica se basa en fundamentos holísticos que permiten afirmar que una cosa es o que otra también es. Inclusive pueden llegar a confirmar que aquello es pero que esto otro también, y que lo de más allá por ende es muy verdadero. No utiliza metodologías experimentales para no correr riesgos innecesarios de negar su estructura y fundamentos, el negocio es muy bueno como para ponerlo en riesgo.

Medicina ortomolecular: Práctica de curioso nombre ya que no tiene que ver necesariamente con el uso de vegetales, como lo indicaría si fuera de origen italiano, ni con intervenciones en la región anal, si fuera de origen argentino. Según los cultores de la misma está enfocada en *el fortalecimiento de la salud, en el rejuvenecimiento, en la prevención y en el tratamiento de las enfermedades crónicas, mediante la recuperación del delicado equilibrio fisiológico (natural) en el que se mantienen las moléculas de las sesenta trillones de células de nuestro organismo.* Teniendo en cuenta lo anterior se evidencia un alcance un tanto ambicioso ya que normalmente un ser humano promedio no consigue mantener en equilibrio una escoba en la palma de la mano y estos profesionales se animan a semejante cantidad de células, subiendo la apuesta incluso a mencionar directamente las moléculas que forman las células con lo cual el número anterior alcanza valores astronómicos. Incluso nos deja la duda si no son capaces de intervenir en el equilibrio de todos los sistemas solares de todas las galaxias, ya que sería un trabajo mucho más sencillo. En la formación de los profesionales nuevamente hace presencia el aporte de la magia ya que de otro modo no sería posible que con una adecuada combinación de Vitaminas, Minerales, Oligoelementos, enzimas, anticuerpos, hormonas, ácidos grasos, aminoácidos, y sal y pimienta al gusto: consigan afirmar que esta disciplina es muy eficaz para *el tratamiento de enfermedades del espectro de las autoinmunes, inflamatorias, neurodegenerativas, endocrinológicas, cardiovasculares, psico-emocionales y metabólicas.*

Médium: Persona con la habilidad de ponerse en contacto con el espíritu de un muerto. Luego de analizar registros históricos, considerar una fecha tentativa de aparición del Homo sapiens, tener en cuenta la variación de la tasa de natalidad, la expectativa de vida a lo largo de las distintas edades históricas, la influencia de guerras y epidemias, y considerando la población actual se llega a la conclusión que han muerto cerca de 110.000 millones de colegas. Lo anterior da una relación de unos 15 finaditos por cada persona viva en todo el planeta, y para el caso de los autores que carecen de esa habilidad ceden los 30 muertos correspondientes para engrosar la lista para los o las médium habilidosos/as.

Evidentemente hay que ser muy hábil para poder contactar justo al espíritu que estamos buscando en medio de tantos espíritus sueltos por ahí (con perdón de la licencia poética).

Megalitismo: Se conoce a la conexión astronómica relacionada con monumentos megalíticos, es decir con cualquier amontonamiento de grandes piedras sin labrar que se encuentren en el camino. Si bien algunas culturas prehistóricas otorgaban un significado especial a este tipo de construcciones aún se encuentran ejemplos de seres humanos aparentemente normales, usan celulares y redes sociales, que por algún misterio aún no resuelto conservan la mentalidad prehistórica especialmente cuando se encuentran cerca de reconocidas agrupaciones pétreas.

Este tipo de comportamiento explicaría el comportamiento de algunos alcaldes que intentan realizar grandes obras viales o renovados parques, en el período que dura su mandato a los efectos de contar con la correspondiente placa. Lo que está bajo estudio es si esto obedece a un poder sobrenatural que les permite conectarse mediante las obras a dimensiones desconocidas o simplemente una cuestión de egos no resueltos.

Mercadeo Multinivel: Si bien este concepto no corresponde a una pseudociencia sino a una estrategia comercial, tiene su cabida en la presente guía en la medida que implica el efecto sobre la voluntad de los seres humanos que caen bajo su influencia. Si bien existen numerosos tratados que describen esta estrategia de venta, al parecer su origen incierto se remontaría a una cultura extraterrestre que intenta periódicamente apoderarse de voluntades de personas con aspiraciones de ser ricos y famosos en un breve período de tiempo. En la anti-güedad habrían utilizado esta técnica para conseguir con promesas de dinero fácil, una gran cantidad de esclavos para construir las imponentes pirámides de Egipto.

Si bien el concepto se mantiene, el de la estafa en forma de pirámide, ya no se utilizan los imponentes monumentos como aliciente sino que la promesa de tesoros se relacionan ahora con la comercialización de cafés obtenidos vaya uno a saber de dónde, productos de limpieza (a pesar que no existe el primer caso de alguien que aparezca en la lista de millonarios de Forbes vendiendo desinfectante de baños), cursos de inglés (ofrecidos por personas que a duras pena dominan el español), y así una larga fila de productos simbólicos para disimular que lo que se está comercializando es la ilusión y ambición humana.

Moxibustión: Propuesta terapéutica relacionada, cuando no, con la medicina tradicional china que consiste básicamente en aplicar calor en puntos estratégicos del cuerpo. Para darle un toque natural se utiliza un polvo obtenido de la raíz de una planta. Este polvo es calentado antes de ser aplicado sobre la piel, es decir una manera esotérica de reproducir el efecto de quemarse con un cigarrillo, un incienso, una vela o cualquier cosa caliente que si bien puede reducir algún tipo de dolencia aumenta notablemente la capacidad de vociferar palabrotas en pocos segundos.

La aplicación de calor sobre zonas afectadas es empleada en varios tratamientos ya sea de manera directa o indirecta (ver terapia de ventosas).

Si bien para el paciente incrédulo puede resultar bastante incómodo el tratamiento el terapeuta se encargará de

 Primera guía completa de pseudociencia, mitos y otras carretas
(Primera parte)

convencerlo de que simplemente se trata de reestablecer el equilibrio energético, así como se encargará de convencerlo que pague por ese servicio, en este caso para equilibrar las finanzas del terapeuta.

Monstruo del lago Nes: Al igual que otros esquivos colegas (ver abominable hombre de las nieves), se trata al parecer de un misterioso ser con forma de dinosaurio, o al menos con cuello de uno, que tiene una vida desgraciada (al igual que los otros esquivos colegas) ya que no puede salir a tomar sol, está condenado a vivir en las oscuras profundidades de un lago, es decir con poca posibilidad de variar su menú, e incluso de conseguir algún menú para alimentarse. Sin poder disfrutar de los placeres implícitos en la perduración de la especie y siendo inspiración para películas de Hollywood clase B. Como si lo anterior no fuera demasiado castigo se lo populariza con el sustantivo "monstruo".

Teniendo en cuenta que una de las definiciones de esta palabra indica que se trata de un *Ser que presenta anomalías o desviaciones notables respecto a su especie*, y otra menciona: *Ser fantástico que causa espanto*, nos conduce a imaginar la mirada de temor con la que los pobres seres observan a estos monstruos que, a excepción de los autores de la presente obra, hace rato se han desviado de su especie. Algunos historiadores y filólogos aseguran que lo de seres fantásticos que causan espanto se refiere exclusivamente a la especie conocida actualmente con el nombre de políticos.

Muñecos quitapenas: Dice la cultura popular que se pueden construir pequeños muñecos de trapo para que absorban nuestras penas y pesares. Se construyen con elementos muy básicos como pedazos de tela, hilo, trapo, paja o hasta pedacitos de madera, imitando un ser humano en miniatura que puede oscilar entre los 4 a 6 centímetros. Estos muñequitos se esconden bajo la almohada al momento de dormir y ellos por un misterioso efecto de ósmosis absorben las penas de la persona que duerma sobre la almohada. El descubrimiento de estos muñecos por investigadores cinemáticos pseudo científicos contemporáneos ha permitido determinar que las penas constituyen un fluído que se estaciona en lugares que tengan una apariencia cercana a la humana y por eso pueden moverse entre los humanos y estos muñecos. Estos mismos investigadores están tratando de determinar, de ser cierta esta teoría, porque las penas no se mueven libremente entre humanos en alguna reunión o fiesta, dado que evidentemente los humanos son más parecidos a los humanos que los muñecos.

 Primera guía completa de pseudociencia, mitos y otras carretas
(Primera parte)

N

Numerología: Una de las más antiguas creencias que aún sobrevive que implica la relación entre ciertos números y el comportamiento de las personas (ver horóscopo) o la posibilidad de anticipar eventos. En este sentido es bien conocido que a todos se nos asigna algún número de la suerte, el que luego no sabemos en qué usar y que en lo concerniente a anticipar eventos se trata sencillamente de poder acertar al número ganador de una lotería (es decir con una probabilidad mayor a la que tiene la presente obra de convertirse en best seller), cuál equipo de fútbol ganará la final, o cuál equino desbocado llegará en primer lugar en una carrera.

Esta creencia sin embargo ha derivado en la aparición de habilidades nunca vistas en algunos creyentes. Es así que se reportan casos de mejoras en la calidad visual en algunas personas quienes son capaces de observar el número ganador de 5 cifras extrañamente escondido en el dorso de un curioso pescado de mar o en las alas de una mariposa o en una mancha de humedad en la pared.

Aunque en este último caso tal vez sea una excusa para no arreglar esa fuga de agua que hace tiempo hace presencia en el hogar y promete expandirse mientras se pierde el tiempo en estas bobadas.

De todas maneras se debe aclarar que si se toma el número de páginas de esta guía y se la divide por la edad al momento de leerla y se le suma los tres últimos números de la cuenta de ahorro se obtendrá el número ganador en alguna lotería que se juega algún día de la semana en alguna ciudad del hemisferio sur.

O

Orinoterapia: Esta terapia ha sido objeto de estudio de los centros de pensamientos más avanzados del mundo. La idea que tomar orina, preferentemente la propia, pueda generar algún tipo de beneficio a la salud al parecer estaría relacionado con un error de interpretación. Aquí las escuelas de pensamientos proponen dos opciones diferentes, una afirma que se origina en una noticia del campo aeroespacial y otra, por el contrario, afirma que es producto de la malinterpretación de un producto del séptimo arte.

En el primer caso tendría que ver con una incompleta información sobre el funcionamiento de la Estación Internacional Espacial, donde ante la imposibilidad de suministrar agua para los astronautas y cosmonautas que la habitan se obtiene el preciado elemento a partir del, entre otras fuentes, reciclado de la orina, sudor y otros fluidos igualmente asquerosos. En equipos diseñados para tal efecto el agua es separada del resto de componentes de la orina, es decir urea, creatinina, amoníaco, ácido úrico, sodio, potasio, calcio y otras menudencias biológicas. Otros científicos responsabilizan al actor Kevin Costner como culpable por introducir la idea errónea de que la orina puede resultar un cóctel agradable y saludable. Esto obedece a que en una escena de la película del año 1995, Waterworld, el mencionado actor recolecta su propia orina y al cabo de un instante disfruta de un fresco trago de agua límpida. Seguramente por una distracción con alguna crispeta, los defensores de la orinoterapia no tuvieron la oportunidad de observar que entre la sonora micción y el trago, había justamente una escena donde aprovechando la energía solar y algunos artilugios propios del género de ciencia ficción, el agua era separada de la orina. Después de todo, la orina, aún la de las figuras de Hollywood, sigue siendo una manera de desechar, irreversiblemente, residuos de nuestro cuerpo.

Orzuelo (tratamiento del): Orzuelo, bulto rojo y doloroso que suele aparecer en el borde del párpado del ojo, no es una manifestación divina ni un daño a distancia (ver mal de ojo) sino una incómoda acumulación de pus causadas por una infección en las glándulas sebáceas, que teniendo tantos sitios menos expuestos se les da por aparecer justo ahí. Esta formación poco elegante tiende a desaparecer al cabo de un par de días y puede causar molestias que se deben tratar con acciones sencillas como el uso de paños tibios. Históricamente se ha intentado atacar esta infección con métodos curiosos como pasar una de las antiguas llaves huecas o un anillo por la zona afectada. Probablemente algún gracioso hizo la analogía del ojo de la llave con el ojo humano o el círculo metálico de un anillo (teniendo en cuenta que en la antigüedad se utilizaban metales preciosos con fines medicinales). Circula en redes sociales la idea que, para casos muy dolorosos, o para personas con ojos grandes, se puedan utilizarse ojos de buey (los empleados en los barcos ya que en los animales estos vienen bien sujetos al cráneo) o cadenas de anclas, pero no ha sido confirmada esta versión.

P

Pirámides: La ubicación adecuada de las pirámides se utiliza para asegurar buenas energías en el hogar y especialmente para garantizar ingresos económicos (ver también trompa de elefante). No queda claro cuál es el origen histórico que permita relacionar la presencia de este cuerpo geométrico con la posibilidad de ganar la lotería. Probablemente se deba a un error al momento de interpretar las escrituras de la piedra de la Roseta, porque si bien en la cultura egipcia reconocemos la presencia de pirámides y de tesoros en su interior, el traductor olvidó traducir la parte del tutorial en la que se explicaba que, para hacerse acreedor de esos tesoros, no solo se debía pertenecer a una familia noble, sino que era necesario el morir y convertirse en momia primero. Otros investigadores analizaron las pirámides de las culturas precolombinas sin embargo en la mayoría de los casos se relacionaban con premios poco apetecidos como ser sacrificados en honor a algún dios sediento de sangre e insaciable (véase a entrada dedicada a dios de

 Primera guía completa de pseudociencia, mitos y otras carretas
(Primera parte)

la presente guía). Tal vez este último aspecto está relacionado con el monto que el ganador de la lotería debe destinar a pagar impuestos, pero no ha sido confirmado aún. De todas maneras se insiste en que se trata de eliminar energías negativas en nuestras vidas (esas que nos tiene así de miserables), lo complicado a veces suele ser encontrar el sitio justo para que haga efecto y no sea solamente un objeto geométrico al que patearemos cada vez que vayamos al baño sin encender la luz

Adicionalmente también hay quienes aseguran que situar pequeñas pirámides sobre partes específicas del cuerpo lograría curar dolencias y enfermedades como la hepatitis, la cirrosis o algún ligero dolor de cabeza. Según los que practican este arte la pirámide logra captar energías del universo y las focaliza en el cuerpo logrando alimentarlo con energías cósmicas que normalmente tienen efectos sanadores. Sin embargo, los expertos especifican varios casos de mal uso de la técnica. En primer lugar no se deben utilizar pirámides reales ante el posible aplastamiento del paciente. Adicionalmente dicen que con el paciente acostado boca arriba las pirámides deben ir sobre el paciente y no debajo del mismo, para evitar puntiagudas incomodidades.

Pranoterapia: También conocido como imposición de las manos, consiste en una terapia no invasiva, indolora, imperceptible, invisible (es decir de mentirita); mediante la cual algo del operador pasa al cuerpo del paciente, justo en la zona donde el primero puso sus manos para producir los efectos terapéuticos, (una especie de bluetooth sanador).

Todo el proceso gira en torno de la imposición de las manos ya que al finalizar el tratamiento el operador ubica sus manos, esta vez con las palmas hacia el universo, para generar una plataforma amplia donde recoger el dinero del incauto paciente.

Primera guía completa de pseudociencia, mitos y otras carretas (primera parte): Sin duda la mentira mayor contenida en esta obra ya que es un título autodestructivo.

Cualquier persona que crea que algo pueda ser considerado "la primera" de cualquier cosa sin haber agotado la revisión en todo el mundo para estar seguro; que crea que un grupo de palabras organizadas intencionalmente pueda ser considerada una "guía" y que acepte que toda la información de la humanidad se encuentra recopilada (de ahí lo de "completa") y que al finalizar no perciba que si esta es la primera parte no puede ser completa; si aún así le hace caso:

losautoresnosehacenresponsablesporlasopinionesvertidas. Antecualquierdudaconsulteconsumédico.

Prueba de la ponchera: También conocida como trampa para bobos, se basa en un interesante experimento de neurociencia donde se consigue que el paciente (normalmente conocido como comprador compulsivo) adquiere cosas que no necesita, que no sabe para qué se usa, fabricadas en un país que desconoce; en lugar de los artículos que primera necesidad para el cual había sido enviado al mercado. Al parecer el lóbulo frontal se concentra solo en lo que está al frente de la tienda y si tiene forma semiesférica (la ponchera) entraría en resonancia con la forma esférica del cráneo bloqueando cualquier vestigio de sentido común remanente.

Según recientes hallazgos arqueológicos, grandes objetos circulares que hasta ahora se habían considerado que los empleaban los fieros guerreros romanos como escudos en sus batallas, en realidad corresponderían a loncheras donde las fieras esposas de los guerreros luchaban cuerpo a cuerpo para llevarse tres productos al precio de dos en las ofertas de los mercados. Al parecer esto estaría relacionado de alguna manera con la caída del imperio en las rebajas del año 476.

Bajo este mismo nombre es conocida una práctica a la que se han sometido miles de hombres cuyas esposas han sospechado de una posible infidelidad. Estas esposas toman una ponchera de amplias dimensiones, al menos más grande que las nalgas del esposo, la llenen a medias de agua fría y hacen que el esposo, justo después de la supuesta infidelidad, asienten sus posaderas dentro de la ponchera sin ropa alguna. Después del grito del esposo ante el contacto inesperado del agua fría con partes del cuerpo de tan alta sensibilidad, las esposas celosas recurren a observar si los testículos flotan o se quedan en el fondo de la ponchera. En caso de flotar pasan a llamar a algún abogado para solicitar el divorcio y a un notario para que acuda certificar y testimoniar el resultado de la prueba de la ponchera.

R

Radioestesia: Se relaciona con una supuesta capacidad de percibir radiaciones que permiten descubrir aguas subterráneas, minerales o patologías en pacientes. Esta amplia posibilidad de detección no sería posible sin la ayuda de amplificadores especiales como péndulos o varillas, o un palito de madera recogido en algún común camino. Algunos detractores de la técnica afirman que el reconocido éxito para develar presencia de agua se debe más a que el 70% de la corteza terrestre es agua, a que en el suelo se tienen distintos % de humedad y que un humano maduro tiene alrededor de 60% en peso de agua, implica que para el lado que apunten las benditas antenas el éxito está asegurado. Por lo anterior probablemente la mayor probabilidad de éxito en aplicaciones de salud sea para el diagnóstico precoz de gota o de agua en la rodilla.

Se menciona incluso que con un adecuado entrenamiento los *radioestesistas,* o *radioestetas* (nombre este último que suena más artístico), pueden incluso llegar a

 Primera guía completa de pseudociencia, mitos y otras carretas
(Primera parte)

escuchar algunas emisoras de FM de baja potencia. Se han reportado de algunos que han incluso podido escuchar transmisiones de partidos de fútbol, aunque no se cuentan con suficientes evidencias para darlo por cierto.

Radiónica: A diferencia de lo que podría indicar su nombre no se trata de ninguna terapia basada en alguna emisora de FM sino a una técnica propuesta por el médico Albert Abrams a principio del siglo XX quien afirmaba que existían unas reacciones eléctricas de Abrams, que obviamente solo don Abrams podía detectar y que le permitía hacer diagnóstico observando una muestra corporal o algún efecto personal de los pacientes, preferentemente sus billetes.

Esta curiosa habilidad, más próxima al arte de adivinar, tiene el respaldo del apellido del proponente. Siguiendo esta escuela paulatinamente han ido apareciendo las radiaciones de Rodríguez, de Pérez, de Smith, y de cuanto médico sin vinculación laboral se encuentre en el camino.

Rayos N: A fines del siglo XIX la comunidad científica recibe sorprendida los descubrimientos realizados por Wilhelm Conrad Roentgen quien gracias a su trabajo realiza un aporte importante al diagnóstico por imágenes permitiéndonos ver cómo somos por dentro, algo que los psicólogos y varias religiones venían intentando conseguir sin éxito. Como para cada científico exitoso se levantan muchos colegas con ansias de emular y conseguir ese reconocimiento mundial. Es así que el científico francés René Blondlot reporta haber encontrado otro tipo de radiación, la que llama Rayos N, con propiedades tan espectaculares que hacían quedar en ridículo a los rayos X. Cual rayo de película de ciencia ficción podía atravesar cualquier cosa que bloqueaba la luz. El pequeño inconveniente era que, salvo él, pocas personas podían verlas fácilmente. Si bien en su momento se culpaba a los observadores por la falta de paciencia o defectos visuales, como era de esperar finalmente lo único que se pudo comprender era que la N del nombre correspondía provenía del francés antiguo que traducida sería algo como "No hay modo que esto funcione".

Reggaeton: Interesante producto social cuyo origen seguramente se encuentra relacionado con la materia oscura en espera de ser descifrada o tal vez a la acción de alguna cultura avanzada extraterrestre. Algunos estudiosos lo relacionan con predicciones religiosas apocalípticas, como evidencias de la presencia satánica, o incluso como parte de la teoría que explica la desaparición de los dinosaurios en ciclos históricos anteriores. Algunos han tratado de identificar inclusive a los siete jinetes del apocalípsis entre cantantes, o vociferadores, de este género. Otro abordaje se realiza desde la inteligencia artificial y el estudio del funcionamiento del cerebro humano, mientras que otras corrientes de pensamiento se inclinan por la explicación basada en los efectos de sustancias psicoactivas y por supuesto que no faltan las teorías conspiratorias que atribuyen a este género un efecto hipnótico que beneficia a algunas multinacionales.

Todo lo anterior es una pequeña muestra del gran interés que ha generado este ¿género? musical (¿?) especialmente para saber en qué momento esta porquería musical se convirtió en algo tan popular y peor aún, que hace millonarios a personajes impresentables.

En las antípodas de cualquier expresión musical, es decir aquella que se define como *el arte de combinar los sonidos en una secuencia temporal atendiendo a las leyes de la armonía, la melodía y el ritmo, o de producirlos con*

    Primera guía completa de pseudociencia, mitos y otras carretas
(Primera parte)

instrumentos musicales esta maléfica construcción se basa, en lo musical, en la repetición alienante de sonidos de percusión que aumenta la secreción de jugos gástricos produciendo úlceras estomacales, aumento de la presión arterial, daños en los conductos auditivos al tener que introducir sendos índices para evitar el ingreso de seres diabólicos al cerebro y un deseo irrefrenable de atacar la integridad del o los intérpretes. Para quienes no tienen la fortuna de hablar otros idiomas, el contenido de las letras de este ¿género? suele provocar también algunos efectos nocivos y genera desorientación en las víctimas (también conocidos como oyentes) ya que se trata de una apología del maltrato femenino y se destaca lo importante de portar armas. Los estudiosos del ¿género? han propuesto una serie de algoritmos que permitirían la construcción de estos contenidos y que sería evidencia de la presencia de una civilización extraterrestre. Según esta teoría basta con construir pequeños textos donde se resalte el apetito y potencia sexual del intérprete teniendo la precaución de no pronunciar algunas letras, especialmente la "r" y la "l" para que no se rompa el encanto. De hacerlo adecuadamente se conseguirá por tanto disimular cualquier patología que conduzca a impotencia sexual y de paso es probable que pueda adquirir vehículos y aviones de alta gama sin mayor dificultad.

Reiki: Al parecer el origen de esta terapia de, sí otra vez, origen oriental, tiene que ver con el japones Mikao Usui quien en 1922 luego de subir al monte Mukurama cansado de que su esposa le consultara todo el tiempo sobre cuál era la gracia de estar subiendo a los montes, afirmó que ahora había conseguido la luminosidad y el poder de transmitir energía con sus manos. Bajo este concepto los emprendedores terapeutas consiguen obtener el dinero de los incautos pacientes mediante la imposición de manos y realizar ejercicios de relajación. Si sólo consistiera en favorecer el estado de relajación del paciente evidentemente se conseguiría disminuir la ansiedad provocada por graves dolencias. Lo criticable es cobrar por poner las manos sobre las personas y atribuirse habilidades curativas apelando, sí otra vez, a cuestiones energéticas; de esas que no aparecen en los libros de física (potencial, eléctrica, etc.).

En todo caso es altamente recomendable no solicitar ayuda en presencia de los inescrupulosos cultores de esta técnica mencionando la conocida frase de "¿me podrías dar una mano?", porque efectivamente dará las dos y luego procederá a cobrar el servicio

Religión: Sistema de creencias basado en escogencias erráticas y aleatorias que logran constituirse en un sistema pseudofilosófico entronizado en la fe por encima de cualquier otro medio de verificación de la verdad. Siendo la anterior frase en extremo compleja, o compleja in extremis para no desentonar, podríamos simplificar de la siguiente forma: religión es un conjunto de ideas fusionadas por una narrativa caprichosa y que ignora cualquier evidencia de su inconsistencia o incongruencia. O aún en palabras más simples, la religión es el arte de juntar ideas sin conexión alguna y por completo antojo de quien las junta. Es decir, un conjunto de sandeces, una pandilla de boberías o una piara de historias.

Ya tratando de ser más ejemplificadores, podríamos decir que la religión es al pensamiento humano como lo que sería una canción de un famoso cantante guatemalteco de apellido terminado por "jona" es a la canción mundial. Con la ventaja de que a nadie lo han quemado

     Primera guía completa de pseudociencia, mitos y otras carretas
(Primera parte)

por hablar mal de las canciones del cantante en cuestión. Mientras que Galileo casi termina en la hoguera por contradecir una de las canciones de una religión.

Resaca (contra la): Los efectos producidos por la ingesta exagerada de alcohol conocida como resaca, (también conocida como *cachones, caña, chaqui, chuchaqui, chusma, contragolpe, corriente submarina, cruda, escoria, espuma, gentuza, goma, granujería, guayabo, hachazo, hangover, hez, morralla, mugre, olas, oleaje, patulea, pedo, perseguidora, plebe, populacho, purria, ratón, rechazo, reculada, surf, turba*) obedecen a que el pobre hígado no puede metabolizar más que unos 0,015g/100 ml de alcohol por hora, es decir algo equivalente al contenido alcohólico presente en una lata de cerveza pequeña. El resto que se ingiere pasa a la sangre y de ahí le queda el camino liberado para llegar al cerebro, parte pasa a los pulmones, y es cuando se comienza a tener aliento de dragón, dolor de cabeza, pérdida del equilibrio, se afectan hormonas que hacen creer que uno tiene que ir a orinar inmediatamente, con lo cual se produce deshidratación y al cabo de unos momentos se producen unos deseos irrefrenables de hacer el ridículo grabando todo con la cámara del celular al tiempo que el demonio interior profiere frases como "¿usted no sabe quién soy yo?" o en casos más delicados el cuerpo comienza a ensayar pasos de reggaetón mientras se vocifera "perrea nena, perrea".

Teniendo en cuenta que todo queda librado al esfuerzo del pobre hígado el único remedio eficaz para prevenir la resaca es emborracharse con agua.

S

Sereno: Terrible personaje incorpóreo con el poder de filtrarse por cuanta rendija encuentra en el hogar, es el responsable de enfriamientos inesperados y torceduras de cuello. Si alguien se atreve a enfrentarlo en su terreno, es decir en el exterior del hogar, las probabilidades de sobrevivir sin mocos son remotas. Ante la imposibilidad termodinámica de derrotarlo el único recurso consiste en envolverse en gruesas mantas, ridículos gorros y bufandas; y tomando bebidas espirituosas que si bien no impiden totalmente el resfrío al menos permite pasar un rato agradable sin pensar en personajes imaginarios que vengan a enfriarnos.

Sexo cuántico: Dícese del sexo que obedece las reglas o leyes de la mecánica cuántica. Véase sexo, o no. Véase, mecánica cuántica, o no. Ninguna de las dos referencias están en el presente trabajo. Dado que es de carácter cuántico depende del observador su real existencia, es decir puede que esté o no, ocurre en el momento que el actuante así lo considere. O mientras el lector lee este artículo u otro. O en otro momento cualquiera, o nunca, ¿Siempre? Este famoso fenómeno del sexo cuántico da origen y desemboca irremediablemente en la paradoja del o la virgen, aquel o aquella que por primera vez en su vida no tiene sexo clásico sino sexo cuántico, y por tanto queda en un estado donde es virgen y no virgen al mismo tiempo.

- ¿Dices que te pareció sexo cuántico porque quedaste excitada?

- No, porque quedé con incertidumbre.

T

Técnica Fosfénica: Surgida hace muchos años como una entretención en la época que no existían redes sociales ni las herramientas de comunicación que hoy disfrutamos. Aquel era un sencillo juego que consistía en mirar fijamente la luz de una vela y luego cerrar los ojos disfrutando del efecto causado en nuestro sistema de la visión. Otros arriesgaban un poco más e intentaban el procedimiento con la luz directa del sol disfrutando luego de golpes en la frente al quedar imposibilitados de ver por un tiempo más prolongado. Fruto del ingenio incansable de la humanidad no pasó mucho tiempo hasta que a alguien se le ocurrió asignar propiedades especiales (que las tenía y que disfrutábamos), las aderezó con un poco de religiosidad, mística, un par de sahumerios y listo, ya se puede cobrar por aplicar la técnica.

Se suele mencionar que con esta técnica surgió el dicho "no hay peor ciego que el que no puede ver por culpa de quedarse mirando un foco como un tonto".

Telequinesis: Dicen los grandes maestros de esta técnica que, con suficiente concentración, la cantidad exacta de minerales en el cuerpo y evitando comer alimentos que generen gases, serían capaces de mover montañas con la mente. La telequinesis es el poder de algunos pocos que les permite mover todo tipo de objetos con solo la acción del pensamiento. Este poder pareciera no estar limitado por las leyes de la mecánica, dado que el pensamiento sería capaz de mover objetos de diferentes masas sin generar una fuerza igual y contraria en el que utiliza la telequinesis. Parece ser que el único efecto es un ligero malestar estomacal que espontáneamente puede tornarse en diarrea y náuseas, de ahí que los grandes maestros eviten comer muy condimentado y en grandes cantidades. Sería bastante inconveniente que mientras se mueve un camión cisterna se produzca un episodio de diarrea.

Telepatía: Con esta capacidad las personas que la poseen son capaces de leer directamente entre mentes, sin gesticular ni pronunciar sonido alguno. Los telépatas podrían tanto hablar a otras personas con solo la mente sino también escuchar los pensamientos de otros. Esta habilidad puede ser extremadamente útil por ejemplo para saber por qué la esposa está brava, cuándo en realidad nos va a pagar alguien que nos debe plata, y cuándo está diciendo mentiras un homeópata (tal vez no sea tan útil en este último caso). Estas poderosas personas evitan las multitudes porque podrían fácilmente enloquecer con tantas voces mentales ocurriendo en simultáneo. Se cuenta de una vez que un famoso telépata asistió a un concierto de rock y logró salir porque se había tapado los oídos, no oyó el concierto pero tampoco enloqueció.

Terapia floral: Consiste en la utilización de esencias o preparados de flores maduras para curar una gran variedad de problemas emocionales. Las de mayor difusión son las conocidas como flores de Bach, aunque no corresponden al genial compositor alemán sino al doctor Edwar Bach quien realizó estos preparados en las décadas del 20 y 30 del siglo pasado. El empleo de productos naturales para aprovechar sus propiedades medicinales es una práctica muy antigua de la humanidad pero se tratan de compuestos químicos identificados plenamente y no por cuestiones energéticas, una vez más el uso abusivo de la palabra energía, transmitida desde el sol a las flores seleccionadas por el especialista.

En algunos casos los extractos obtenidos a partir de productos naturales tienen comprobado efecto sobre el estado mental del paciente, especialmente cuando se tratan de bebidas como el gin, vermouth, fernet y otras delicias más que se preparan utilizando alcohol como solución extractora y un poco de destilación. Si bien puede cuestionarse que en este caso no se tratan de medicinas reales, mejoran notablemente el estado de ánimo, aunque producen mareos e irrefrenables ganas de bailar.

Terapia Orgónica: Se trata de la corporeización de una extraña pero interesante forma de energía propuesta en los años 40 del siglo anterior por un psiquiatra seguidor de Sigmund Freud. Esta teoría postula la existencia del orgón, con perdón de la palabra, que representaría físicamente a la líbido (forma elegante de decir deseo sexual). El punto central de la teoría considera que, al tal orgón cual, es necesario expulsarlo del cuerpo como si fuera un feroz personaje de Tolkien y esto se logra simplemente mediante un orgasmo. Al parecer lo que no resulta simple es convencer a la persona durante la

 Primera guía completa de pseudociencia, mitos y otras carretas
(Primera parte)

conquista que esa propuesta obscena que se describe con los ojos inyectados de sangre corresponde a una terapia que le colaborará en el tratamiento de diversas enfermedades.

Terapia de ventosas: Pintoresco tratamiento de dolores musculares, que se basa en aplicar un poco de calor en recipientes que posteriormente se colocan normalmente en la espalda de la víctima. Si bien el empleo de fuentes de calor, una llama por ejemplo, la posición del paciente, y esas copas de vidrio le dan al tratamiento un aspecto de ritual místico, desde el punto de vista físico-químico es bastante aburrido ya que lo que se consigue con el calor es expandir el aire del interior del recipiente y en el momento de poner el mismo sobre el cuerpo a tratar no solo se consigue quemarlo con ese vidrio caliente, sino que al enfriarse el aire se genera una diferencia de presión en el interior que actúa succionando la pobre piel produciendo los típicos morados con los que el terapeuta puede demostrar que efectivamente está actuando sobre el cuerpo.

Es conocido que la modificación de la temperatura produce vasoconstricción o vasodilatación de los vasos sanguíneos dependiendo del valor de esta. Estos cambios a su vez pueden generar sensación de alivio, o incluso de placer.

El pequeño detalle que suele pasar desapercibido es que entre los vasos sanguíneos y la mano del terapeuta se encuentra el órgano más grande del cuerpo humano, que no es lo que seguramente el lector está imaginando, es decir la piel. Es ella la que sufre esos cambios térmicos y de presión convirtiendo al paciente en un muestrario de lunares rojos y dolorosos. Es importante no confundir la terapia de ventosas con ventosidades que de terapia no tiene nada y queda feo.

Terraplanistas: Si bien suele creerse que se trata de una creencia relativamente moderna, esta comunidad retoma ideas antiguas de mediados del siglo XV cuando un grupo de vecinos del palacio real al enterarse que un marinero genovés había conseguido el apoyo de los reyes para iniciar su travesía a las indias, celosos como eran hicieron correr la voz, en las redes sociales del momento, que este navegante no iba a triunfar por desconocer que la tierra era plana como se podía, y se puede aún, verificar experimentalmente si uno observa un barco alejarse mar adentro, y obviamente se empequeñece hasta que se cae al otro lado. Las enormes distancias hacen que una misma persona no pueda al mismo tiempo observar que en las antípodas en algún momento aparecerá el barco luego de su tránsito por el lado inferior. De esta manera se observa que comienza a agrandarse a medida que se acerca a la costa.

No hay muchos indicios de cuál es el lado de arriba y el de abajo ya que esta polémica no ha sido zanjada aún entre ambos bandos. Incluso se menciona que parte de la población en algún momento se cae de la superficie, pero no se sabe si es por efectos del alcohol, en el observador, o los que del otro extremo llaman levitación. Habilidad ésta que suele observarse en algunos profesionales tildados como egocéntricos, palabra que viene del latín callejero que significa ego: yo céntrico: no se si estoy del lado de arriba o de abajo.

Tusa (contra la): Teniendo en cuenta la definición tristeza o despecho causados por un fracaso o un desengaño amoroso y no la que hace referencia a la crin del caballo (de otro modo muchas canciones perderían sentido poético), se trataría del momento en que el portador sano de mariposas amarillas (de acuerdo con lo propuesto por el Nobel Colombiano) es consciente que no se puede andar por la vida con ese montón de lepidópteros en el estómago y comienza a sufrir dolores a la altura de los sentimientos. Si bien los afectados suelen apelar a distintos tratamientos para intentar aliviar los dolores, los que van desde llanto desconsolado, consumo de alcohol mientras escuchan canciones compuestas por artistas que resuelven sus problemas económicos revolviendo la herida de los demás, llegando incluso a medidas extremas como convertirse en compositores de reguetón; debe tenerse en claro que se trata de una dolencia para la cual la humanidad aún no ha encontrado cura excepto solicitar que toque el mariachi y cantemos por ellas, aunque mal paguen.

V

Vudú: Práctica religiosa de origen haitiano y relacionada con la más convencional religión católica. Gracias al esclarecedor papel de Hollywood en la formación de estereotipos se asocia a esta práctica a la existencia de zombis y hechizos con muñecos y alfileres. Es importante aclarar en este sentido que hasta el momento los únicos avistamientos de zombis confirmados corresponden a algunos jugadores de fútbol, que los autores prefieren mantener en el anonimato por lo delicada de la información, siendo esta la única explicación posible a tan perverso desempeño en el campo de juego.

Con relación al uso de muñecos con alfileres se debe aclarar que para el caso de la religión haitiana se emplean muñecas, y no alfileres, al igual que en otras prácticas un tanto morbosas que nada tiene que ver con las religiones sino más bien con lo bien que están quedando las muñecas robots que hacen los japoneses, pero ese es un tema que excede los alcances de la presente guía, por completa que sea.

 Primera guía completa de pseudociencia, mitos y otras carretas
(Primera parte)

Viento encajado: Expresión que tendría origen en una versión apócrifa de la Ilíada y que se comercializaba en las esquinas de la antigua Grecia. Según la misma el Dios Eolo había recibido de Zeus el poder de dominar los vientos, pero como era principiante a veces se les encajaba en algunos desfiladeros de la isla de Eolia donde vivía. Años más tarde se comienza a utilizar la frase para hacer referencia a cualquier malestar estomacal utilizando la simbología de tener una serie de flatulencias desviadas de su curso normal. Se menciona que sería también el origen de la frase "come fríjoles y cosecharás tempestades" aunque sobre esto hay discrepancias entre los estudiosos de la lengua (con perdón de la expresión).

Única imagen conocida hasta el momento de los Doctores Rictus y Rufus

Se terminó de imprimir en
Todográficas Ltda.
en el mes de octubre de 2021
todograficas92@gmail.com
Medellín - Colombia

www.ingramcontent.com/pod-product-compliance
Lightning Source LLC
LaVergne TN
LVHW020608200726
843509LV00001B/30